“十四五”机电类专业精品教材

西门子 S7-200 SMART PLC 应用技术

主编　冉中涛　陶　剑

河南科学技术出版社
·郑州·

图书在版编目(CIP)数据

西门子 S7-200 SMART PLC 应用技术/冉中涛,陶剑主编.
—郑州:河南科学技术出版社,2023.2
ISBN 978-7-5725-0846-2

Ⅰ.①西… Ⅱ.①冉… ②陶… Ⅲ.①PLC 技术-程序设计 Ⅳ.①TM571.61

中国版本图书馆 CIP 数据核字(2023)第 006895 号

出版发行:河南科学技术出版社
地址:郑州市郑东新区祥盛街 27 号　　邮编:450016
电话:(0371)65737028　65788859
网址:www.hnstp.cn
策划编辑:孙　彤
责任编辑:孙　彤
责任校对:李　军
封面设计:张德琛
责任印制:朱　飞
印　　刷:河南新华印刷集团有限公司
经　　销:全国新华书店
开　　本:787 mm×1 092 mm　1/16　　印张:9.5　　字数:234 千字
版　　次:2023 年 2 月第 1 版　　2023 年 2 月第 1 次印刷
定　　价:36.00 元

编委名单

主　编　冉中涛　陶　剑

副主编　王　迪　理婷婷

参　编　石新文　杨　杰　张冬琴

　　　　　黄跃涛　杨　洒　马　力

　　　　　司志备

前　　言

PLC 控制技术是中等职业学校机电技术相关专业核心课程之一。本教材是根据中等职业学校机电技术专业课程结构改革和国家职业技能鉴定考试的需求而编写的。

本教材作为理论与实践一体化教材，在编写中以任务式教学为主，并加入了大量的实际控制模型、编程实例。本课程的设计是依据培养学生的认知及应用能力，按照实用、够用的原则，结合行业岗位标准，使学生掌握可编程控制器的结构、原理、功能和应用等有关理论及实践技能，具备可编程控制器技术的基本应用能力，能综合运用所学的知识，根据生产现场的控制要求编写简单的程序，并能进行安装、接线与调试运行，为将来从事 PLC 控制设备的安装、调试、维护与维修等工作打下良好的基础。

本教材共 5 个学习情景、12 个学习任务。教材所设计的学习任务都是一些生活实例，既能紧密联系生活、生产实际，又能与学校的实训教学设施紧密结合，注重理论与实践教学的一体化；课程教学以任务实践教学为主，理论讲授为辅，理论内容以“够用”为度，以“实用”为主。

本教材以西门子 S7-200 SMART PLC 内容为主，并增加了组态元件与 PLC 的综合应用。在编写的过程中参阅了大量的有关教材和相关资料，也得到了许多老师的指点和帮助，在此表示衷心的感谢。由于编者水平有限，加之时间仓促，编写的过程中可能有疏漏之处，敬请读者批评指正。

编　者

2022 年 5 月

目　　录

学习情景一　初步认识 PLC

任务分解

任务一　电动机点动运行的 PLC 控制
任务二　电动机连续运行的 PLC 控制
任务三　电动机点动/长动混控电路的 PLC 控制

学习目标

📖知识目标

掌握 PLC 的基础知识、结构组成、工作原理、寻址方式、硬件连接、编程语言、编程软件的使用等。

📖技能目标

掌握 PLC 的结构及硬件连线。
熟练应用编程软件。

📖职业素养目标

养成严谨认真的工作态度，培养环保意识、节约意识、团队协作意识。

任务一　电动机点动运行的 PLC 控制

【任务描述】

按照电气原理图完成电动机点动运行两个电路的接线，第一个电路用继电器接触器进行控制（图 1-1），第二个用 PLC 进行控制（图 1-2），根据这两个电路的运行情况，对比分析两种控制方式的区别。

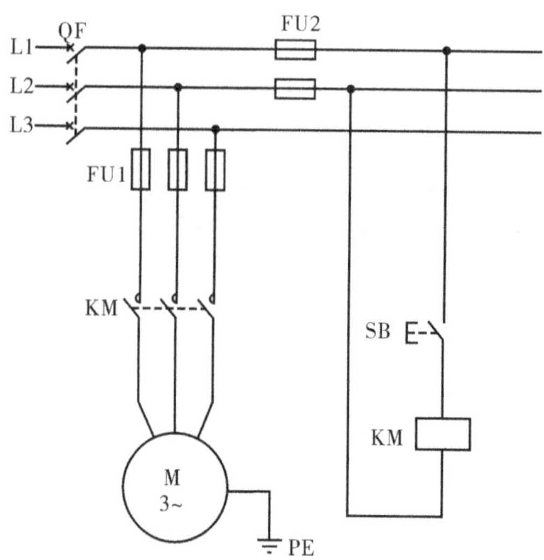

图 1-1　电动机点动运行的继电器接触器控制

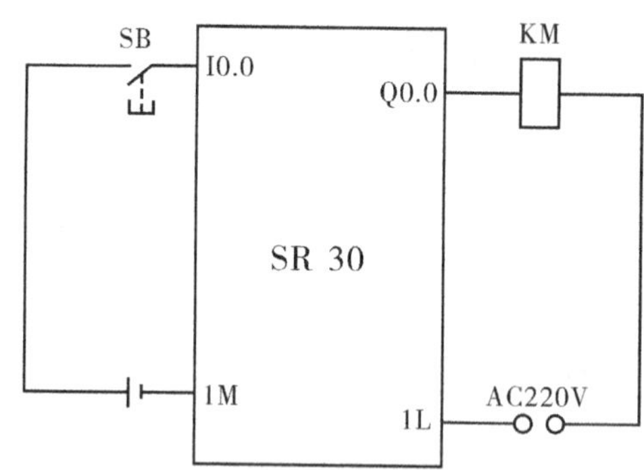

图 1-2　电动机点动运行的 PLC 控制

一、PLC 的产生、定义

1. PLC 的产生

20 世纪 60 年代末期，汽车制造工业竞争十分激烈。为了适应从少品种大批量生产向多品种小批量生产的转变，尽可能减少转变过程中控制系统的设计制造时间和成本，1968 年通用汽车公司公开招标，要求用新的控制装置取代生产线上的继电式接触器控制系统。数字设备公司根据要求，研制出第一台 PLC，型号是 PDP-14，在通用汽车自动装配线上试用，并获得成功。

2. PLC 的定义

国际电工委员会（IEC）对 PLC 的定义是：可编程控制器（Programmable Logic Controller）是一种数字运算操作的电子系统，专门在工业环境下应用而设计。它采用可编程序的存储器，用来在其内部存储执行逻辑运算、顺序控制、定时、计数和算术运算等操作的指令，并通过数字的、模拟的输入和输出，控制各种类型的机械或生产过程。可编程控制器及其有关设备，都应按易于工业控制系统形成一个整体，易于扩充其功能的原则设计。

在自动化控制系统中，PLC 是最基本的控制设备，收集来自现场各种传感器信号及操作者的控制信息作为输入信号，执行存储器中用户编写的程序，并将程序执行结果输出，驱动相应电磁阀门的开关、电动机的启停等。

二、PLC 的结构组成

PLC 是专为工业现场应用而设计的控制器，采用了典型的计算机结构，由硬件和软件两大系统组成。目前市场上 PLC 种类繁多，但其结构基本相同。PLC 的硬件系统主要由中央处理单元（CPU）、存储器、输入/输出（I/O）接口单元、电源等部分组成，如图 1-3 所示。

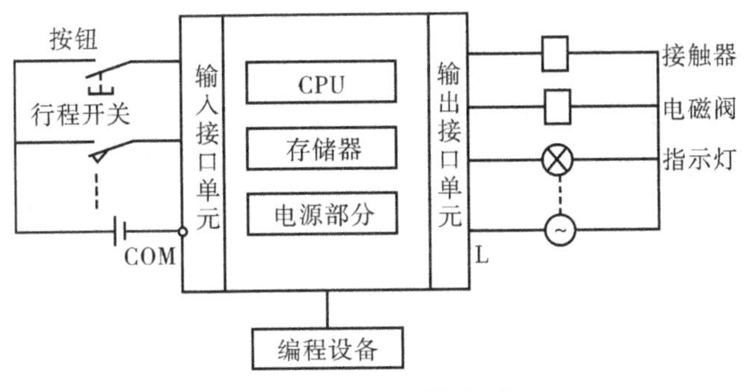

图 1-3 PLC 硬件组成

1. 中央处理单元（CPU）

中央处理单元又称 CPU 模块或中央控制器，它是 PLC 的“大脑”，由控制器、运算器和寄存器组成。若是把 PLC 打开，看到的是由这些电路单元采用微电子技术工艺聚集在一起的一块芯片。CPU 通过数据总线、地址总线和控制总线与输入/输出接口电路、存储单元电路连接。

2. 存储器

存储器主要用于存放系统程序、用户程序和工作数据。存储器有三类，即用于存放系统程序的系统程序存储器 ROM，用于存放应用程序的用户程序存储器 RAM，用于存放工作数据的数据存储器 EEROM。

3. 输入/输出接口单元

（1）输入接口。输入接口用于接收来自现场设备的各种控制信号，常与限位开关、操作按钮、行程开关、传感器等（开关量）连接，或者与电位器、热电偶等（模拟量）连接。通过输入接口电路，输入接口将这些信号转换成 CPU 能够识别和处理的信号，并存入输入映像寄存器。图 1-4 是由行程开关 SQ 产生的开关量信号输入接口电路原理。

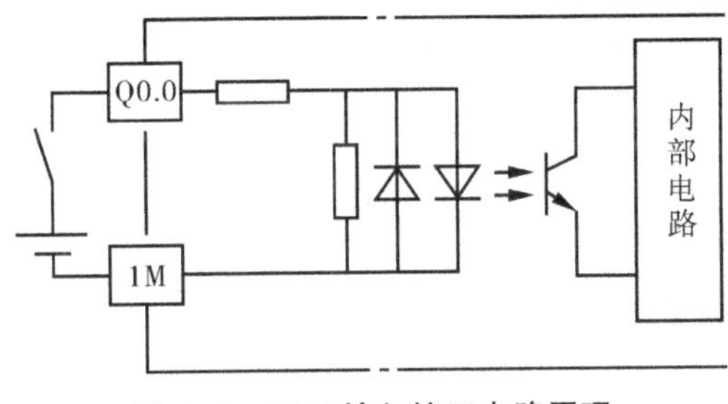

图 1-4 PLC 输入接口电路原理

（2）输出接口。输出接口用于将 PLC 处理后内部标准输出信号转换成执行机构所需的控制信号。用户程序由 CPU 执行后，处理结果存放到输出映像寄存器中，输出接口电路将其由弱电控制信号转换成现场需要的强电信号，以驱动接触器、电磁阀、指示灯、报警喇叭等。如图 1-5 所示，PLC 将 CPU 运算结果通过 Q0.2 的输出接口电路输出驱动接触器 KM 线圈。

输出模块有开关量输出型和模拟量输出型两种：

1）开关量输出接口按 PLC 内使用的器件可分为继电器输出型、晶体管输出型和晶闸管输出型，具体选用哪种类型的输出，要根据实际项目需要而定。每种输出电路都采用电

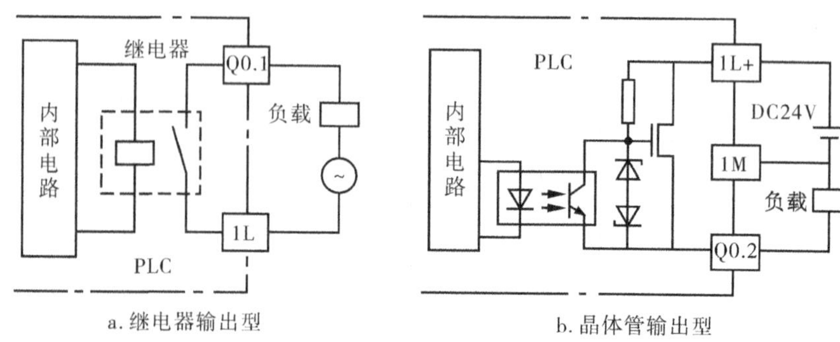

图 1-5　PLC 输出接口电路原理

气隔离技术。输出接口本身都不带电源，电源由外部提供，输出电流一般为 0.5~2A。

2）模拟量输出接口一般由光电隔离、D/A 转换、转换开关等部分组成。

4. 扩展单元

扩展单元是对基本单元的输入、输出接口进行扩展。扩展单元不能单独使用，一般需要和基本单元配合使用。注意有的 CPU 可以扩展，有的不能。

5. 电源

PLC 一般使用 220V 的交流电源或 24V 的直流电源作为工作电源。整体式小型 PLC 还提供一定容量的 24V 直流电源，供外部有源传感器或输入模块电路工作用电。

在 PLC 中，为了避免干扰影响运行的稳定，输入接口与输出接口电路的电源应彼此相互独立；为了使 PLC 适应于电网波动引起的过压和欠压状态，PLC 采用了集成电压调整装置；为了防止较多的空间电磁干扰，PLC 电源采用了较多的屏蔽措施。

6. 通信接口

PLC 通信主要采用串行异步通信，其常用的串行通信接口标准有 RS 232C、RS -422A 和 RS -485 等。PLC 通信接口主要是为了实现“人-机”或“机-机”之间的对话，PLC 通过通信接口可以与打印机、计算机、扫描仪、触摸屏等外部设备相连，也可以与其他 PLC 相连。

7. 其他部件

根据需要有的 PLC 还可以配存储器卡、电池卡等。

三、PLC 的工作原理和工作方式

1. PLC 的工作原理

PLC 是怎么实现与继电器同样的控制逻辑呢？现以电动机点动运行为例，通过两种控制方式的比较来阐述 PLC 的工作原理。

（1）用继电器接触器控制电动机点动运行的工作原理。如图 1-6 所示，按下启动按钮 SB，接触器 KM 线圈得电吸合，主触点闭合，电动机得电运行，松开 SB 时，交流接触器 KM 线圈断电，主触点断开，电动机失电停止运行。

（2）用 PLC 控制电动机点动运行的工作原理。如图 1-7 所示，启动和停止信号分别通过输入端口 I0.0 进入输入映像寄存器 I0.0 里，输入映像寄存器相当于一个继电器（通常称为输入继电器，实际上是一些逻辑电路，又称为软继电器）。当启动按钮 SB1 闭合，输入继电器 I0.0“线圈得电”，其常开触点“I0.0”闭合，输出继电器线圈“Q0.0”通

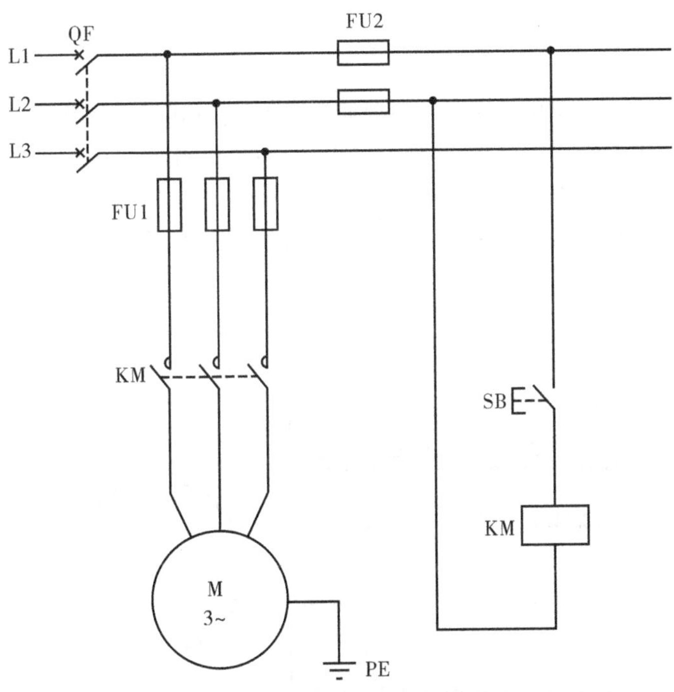

图 1-6　继电器接触器控制系统电路

电，使电动机启动运行。松开按钮 SB1，输入继电器 I0.0 断开，线圈“Q0.0”断电，电动机停止运行。

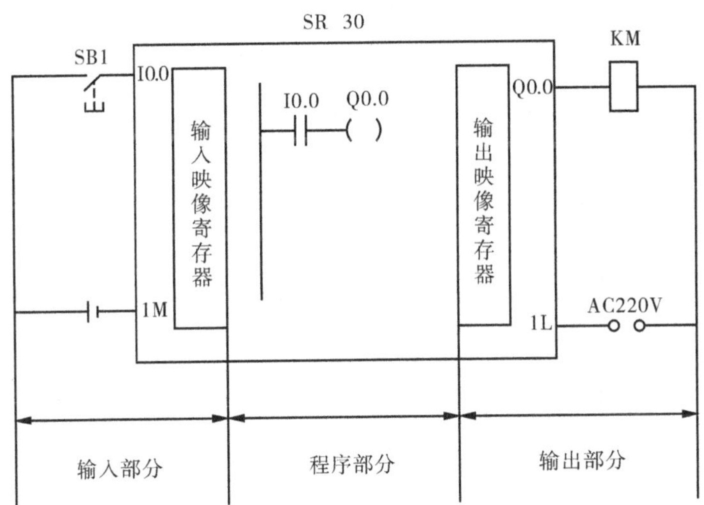

图 1-7　PCL 控制系统等效电路

通过上述简单的例子可以看出，PLC 可看成是由普通继电器、定时器、计数器等组合而成的电气控制系统。PLC 内部的继电器实际上是指存储器中的存储单元，称为软继电器。

当输入存储单元的逻辑状态为 1 时，则表示相应继电器的线圈通电，其常开触点闭合，常闭触点断开；而当输入存储单元的逻辑状态为 0 时，则表示相应继电器的线圈断电，其常开触点断开，常闭触点闭合。

2. PLC 的工作方式

PLC 是按集中输入、集中输出、周期性循环扫描的方式进行工作的。每一次扫描所用时间称作扫描周期或工作周期，图 1-8 可以形象地描述 PLC 的循环扫描工作过程，在一个扫描周期中，PLC 一般将完成部分或全部的以下操作：读输入→执行逻辑控制程序→处理通信请求→执行 CPU 自诊断→写输出。PLC 就是这样周而复始地循环这些动作过程，一直到关机。

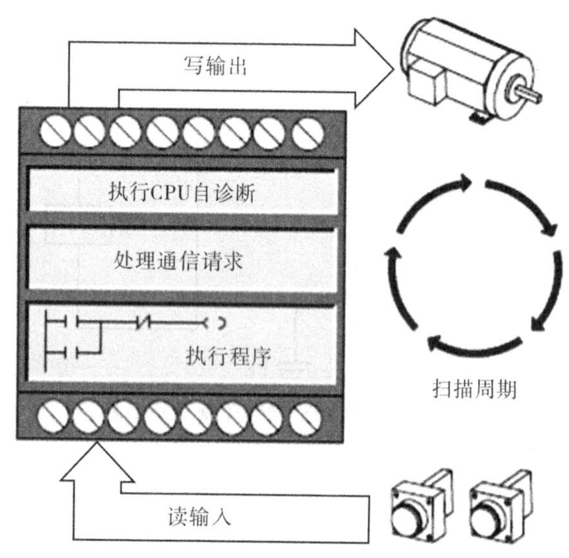

图 1-8　PLC 的循环扫描工作过程

PLC 中用户程序按先后顺序存放，CPU 从第一条指令开始执行程序，直到遇到结束符号后又返回第一条，如此重复，不断循环。

PLC 工作时的扫描过程可分为内部处理、通信处理、输入扫描、程序执行和输出处理 5 个阶段。

PLC 正常运行时完成一次扫描所用的时间称作 PLC 扫描周期。扫描周期的长短与用户程序的长度和扫描速度有关，如图 1-9 所示。

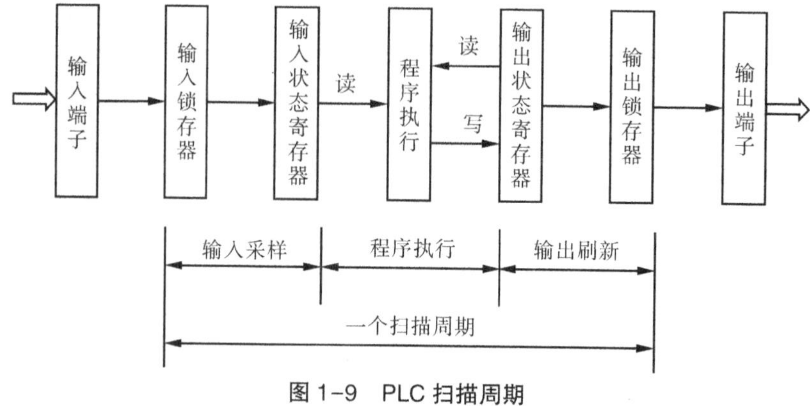

图 1-9　PLC 扫描周期

PLC 有两种工作方式，即 RUN（运行）方式和 STOP（停止）方式。当 PLC 处于 STOP 状态时，只进行内部处理和通信操作服务等内容。当 PLC 处于 RUN 状态时，从内部处理、通信处理，到输入扫描、程序执行、输出处理，一直循环扫描工作。它遵循集中输入、集中输出、周期性循环扫描的规律。

四、PLC 的分类、性能指标及选型

1. PLC 的分类

PLC 的产品种类繁多，不同厂家产品的型号、规格和性能各不相同，目前常采用以下两种分类方法：

（1）按 PLC 的结构形式分为整体式和模块式两种。

1）整体式 PLC。图 1-10 所示即为整体式 PLC 的外部结构。这种类型的 PLC 是将中央处理器（CPU）、存储器、I/O 接口、电源、I/O 扩展接口组装在一起构成主机。基本单元内有 CPU、I/O 接口、与 I/O 扩展单元相连的扩展接口以及与编程器相连的接口。扩展单元内只有 I/O 接口和电源等，没有 CPU。基本单元和扩展单元之间一般用扁平电缆连接。它还配备特殊功能单元，如模拟量单元、位置控制单元等，使其功能得以扩展。

整体式结构的 PLC 体积小、结构紧凑，通常见到的小型 PLC 常采用这种结构。图 1-10a 所示是西门子 S7-200 PLC，图 1-10b 所示是 S7-200 SMART PLC。

a. S7-200 PLC

b. S7-200 SMART PLC

图 1-10　整体式 PLC 的外部结构

2）模块式 PLC。模块式 PLC 是将中央处理器（CPU）、输入接口、输出接口、电源、I/O 单元、通信单元等分别作为相应的模块。各模块可以插在带有总线的模板上。装有 CPU 的模块称为 CPU 模块，其他称为扩展模块，各种模块可以根据需要来选择配置。模块式 PLC 的特点是配置灵活，可根据需要选配不同规模的系统，而且装配方便，便于扩展和维修。

大、中型 PLC 一般采用模块式结构。例如，西门子公司的 S7-300 系列、S7-400 系列 PLC 都采用模块式结构形式。

（2）按 PLC 的 I/O 点数不同可以分为小型机、中型机、大型机。小型机的 I/O 点数一般在 256 点以下，结构紧凑，采用整体式结构；中型机的 I/O 点数一般在 256~2048 点

之间，采用模块化结构；大型机的 I/O 点数一般在 2048 点以上，它的功能强大，主要用于大型自动化控制中。

2. PLC 的性能指标

PLC 的性能指标主要有 I/O 点数、存储容量、扫描速度、指令系统、扩展能力等。

（1）I/O 点数。指 PLC 外部输入、输出端子总数。这是 PLC 最重要的一项技术指标，它表明了该 PLC 可接收到的输入信号和可输出的信号的数量。PLC 的输入、输出信号有开关量和模拟量两种。对于开关量，I/O 点数为输入、输出端子的总和；对于模拟量，I/O 点数用最大的 I/O 通道数表示。

（2）PLC 的存储容量。通常是指用户程序存储器和数据存储器容量之和，表示 PLC 系统提供给用户的可用资源。存储容量常用字节（B）表示，1024 个字节为 1KB（千字节）。

（3）扫描速度。PLC 采用循环扫描方式工作。CPU 完成一次扫描所需的时间叫作扫描周期，扫描速度与扫描周期成反比。扫描速度主要和用户程序的长度以及 PLC 的类型有关。

（4）指令系统。指 PLC 所有指令的总和。PLC 的指令越多，编程功能就越强。

（5）扩展能力。大部分 PLC 除了主机外还有多种扩展单元，用户可以根据不同的功能需要选择不同的扩展模块。例如，A/D 模块、D/A 模块、高速计数模块、远程通信模块等。

（6）内部寄存器（继电器）。PLC 内部有许多寄存器用来存放变量、中间结果、数据等，另外还有许多辅助寄存器可供用户使用。因此寄存器的配置也是衡量 PLC 功能的一项指标。

3. PLC 的选型

在 PLC 系统设计时，首先应确定控制方案，下一步工作就是 PLC 工程设计选型。工艺流程的特点和应用要求是设计选型的主要依据。PLC 及有关设备应是集成的、标准的，按照易与工业控制系统形成一个整体，易扩充其功能的原则选型，所选用 PLC 应是在相关工业领域有投运业绩、成熟可靠的系统，PLC 的系统硬件、软件配置及功能应与装置规模和控制要求相适应。熟悉可编程序控制器、功能表图及有关的编程语言有利于缩短编程时间，因此，工程设计选型和估算时，应详细分析工艺过程的特点、控制要求，明确控制任务和范围确定所需的操作和动作，然后根据控制要求，估算 I/O 点数、所需存储器容量，确定 PLC 的功能、外部设备特性等，最后选择有较高性能价格比的 PLC 和设计相应的控制系统。

（1）I/O 点数的估算。I/O 点数估算时应考虑适当的余量，通常根据统计的 I/O 点数，再增加 10%~20%的可扩展余量后，作为 I/O 点数估算数据。实际订货时，还需根据制造厂商 PLC 的产品特点，对 I/O 点数进行圆整。

（2）存储器容量的估算。存储器容量是可编程序控制器本身能提供的硬件存储单元大小，程序容量是存储器中用户应用项目使用的存储单元的大小，因此程序容量小于存储器容量。设计阶段，由于用户应用程序还未编制，因此，程序容量在设计阶段是未知的，需在程序调试之后才知道。为了设计选型时能对程序容量有一定估算，通常采用存储器容量的估算来替代。

存储器内存容量的估算没有固定的公式，许多文献资料中给出了不同公式，大体上都是按数字量 I/O 点数的 10～15 倍，加上模拟 I/O 点数的 100 倍，以此数为内存的总字数（16 位为一个字），另外再按此数的 25%考虑余量。

（3）控制功能的选择。该选择包括运算功能、控制功能、通信功能、编程功能、诊断功能和处理速度等特性的选择。

1）运算功能。简单 PLC 的运算功能包括逻辑运算、计时和计数功能；普通 PLC 的运算功能还包括数据移位、比较等运算功能；较复杂运算功能有代数运算、数据传送等；大型 PLC 中还有模拟量的 PID 运算和其他高级运算功能。随着开放系统的出现，在 PLC 中都已具有通信功能，有些产品具有与下位机的通信，有些产品具有与同位机或上位机的通信，有些产品还具有与工厂或企业网进行数据通信的功能。设计选型时应从实际应用的要求出发，合理选用所需的运算功能。大多数应用场合，只需要逻辑运算和计时计数功能，有些应用需要数据传送和比较，当用于模拟量检测和控制时，才使用代数运算，数值转换和 PID 运算等。要显示数据时需要译码和编码等运算。

2）控制功能。控制功能包括 PID 控制运算、前馈补偿控制运算、比值控制运算等，应根据控制要求确定。PLC 主要用于顺序逻辑控制，因此，大多数场合常采用单回路或多回路控制器解决模拟量的控制，有时也采用专用的智能输入输出单元完成所需的控制功能，提高 PLC 的处理速度和节省存储器容量。例如，采用 PID 控制单元、高速计数器、带速度补偿的模拟单元、ASC 码转换单元等。

3）通信功能。大中型 PLC 系统应支持多种现场总线和标准通信协议（如 TCP/IP），需要时应能与工厂管理网（TCP/IP）相连接。通信协议应符合 ISO/IEEE 通信标准，应是开放的通信网络。PLC 系统的通信接口应包括串行和并行通信接口（RS2232C/422A/423/485）、RIO 通信口、工业以太网、常用 DCS 接口等；大中型 PLC 通信总线（含接口设备和电缆）应 1：1 冗余配置，通信总线应符合国际标准，通信距离应满足装置实际要求。

PLC 系统的通信网络中，上级的网络通信速率应大于 1Mbps，通信负荷不大于 60%。PLC 系统的通信网络形式主要有以下几种：①PC 为主站，多台同型号 PLC 为从站，组成简易 PLC 网络；②1 台 PLC 为主站，其他同型号 PLC 为从站，构成主从式 PLC 网络；③PLC 网络通过特定网络接口连接到大型 DCS 中作为 DCS 的子网；④专用 PLC 网络（各厂商的专用 PLC 通信网络）。

为减轻 CPU 通信任务，根据网络组成的实际需要，应选择具有不同通信功能的（如点对点、现场总线、工业以太网）通信处理器。

4）编程功能。离线编程方式：PLC 和编程器共用一个 CPU，编程器在编程模式时，CPU 只为编程器提供服务，不对现场设备进行控制。完成编程后，编程器切换到运行模式，CPU 对现场设备进行控制，不能进行编程。离线编程方式可降低系统成本，但使用和调试不方便。在线编程方式：CPU 和编程器有各自的 CPU，主机 CPU 负责现场控制，并在一个扫描周期内与编程器进行数据交换，编程器把在线编制的程序或数据发送到主机，下一扫描周期，主机就根据新收到的程序运行。这种方式成本较高，但系统调试和操作方便，在大中型 PLC 中常采用。

五种标准化编程语言：顺序功能图（SFC）、梯形图（LD）、功能模块图（FBD）三种图形化语言和指令表（IL）、结构文本（ST）两种文本语言。选用的编程语言应遵守其标准（IEC6113123），同时，还应支持多种语言编程形式，如 C、Basic 等，以满足特殊控制场合的控制要求。

5）诊断功能。PLC 的诊断功能包括硬件和软件的诊断。硬件诊断通过硬件的逻辑判断确定硬件的故障位置，软件诊断分内诊断和外诊断。通过软件对 PLC 内部的性能和功能进行诊断是内诊断，通过软件对 PLC 的 CPU 与外部输入、输出等部件信息交换功能进行诊断是外诊断。

PLC 的诊断功能的强弱直接影响对操作和维护人员技术能力的要求，并影响平均维修时间。

6）处理速度。PLC 采用扫描方式工作。从实时性要求来看，处理速度应越快越好，如果信号持续时间小于扫描时间，则 PLC 将扫描不到该信号，造成信号数据的丢失。

处理速度与用户程序的长度、CPU 处理速度、软件质量等有关。PLC 接点的响应快、速度高，每条二进制指令执行时间 0.2~0.4ms，因此能适应控制要求高、相应要求快的应用需要。扫描周期（处理器扫描周期）应满足：小型 PLC 的扫描时间不大于 0.5ms/KB；大中型 PLC 的扫描时间不大于 0.2ms/KB。

（4）机型的选择。

1）PLC 的类型。PLC 的基本结构。PLC 按结构分为整体型和模块型两类，按应用环境分为现场安装和控制室安装两类；按 CPU 字长分为 1 位、4 位、8 位、16 位、32 位、64 位等。从应用角度出发，通常可按控制功能或 I/O 点数选型。整体型 PLC 的 I/O 点数固定，因此用户选择的余地较小，用于小型控制系统；模块型 PLC 提供多种 I/O 卡件或插卡，因此用户可较合理地选择和配置控制系统的 I/O 点数，功能扩展方便灵活，一般用于大中型控制系统。

2）I/O 模块的选择。I/O 模块的选择应考虑与应用要求的统一。例如，对输入模块，应考虑信号电平、信号传输距离、信号隔离、信号供电方式等应用要求。对输出模块，应考虑选用的输出模块类型，通常继电器输出模块具有价格低、使用电压范围广、寿命短、响应时间较长等特点；可控硅输出模块适用于开关频繁、电感性低功率因数负荷的场合，但价格较贵，过载能力较差。输出模块还有直流输出、交流输出和模拟量输出等，与应用要求应一致。

可根据应用要求，合理选用智能型 I/O 模块，以便提高控制水平和降低应用成本。考虑是否需要扩展机架或远程 I/O 机架等。

3）电源的选择。PLC 的供电电源，除了引进设备时同时引进 PLC 应根据产品说明书要求设计和选用外，一般 PLC 的供电电源应设计选用 AC 220V 电源，与国内电网电压一致。重要的应用场合，应采用不间断电源或稳压电源供电。

如果 PLC 本身带有可使用电源时，应核对提供的电流是否满足应用要求，否则应设计外接供电电源。为防止外部高压电源因误操作而引入 PLC，对输入和输出信号的隔离是必要的，有时也可采用简单的二极管或熔丝管隔离。

4）存储器的选择。由于计算机集成芯片技术的发展，存储器的价格已下降，因此，为保证应用项目的正常投运，一般要求 PLC 的存储器容量，按 256 个 I/O 点至少选 8KB 存储器选择。需要复杂控制功能时，应选择容量更大、档次更高的存储器。

5）冗余功能的选择。冗余功能包括控制单元的冗余和 I/O 接口单元的冗余。

A. 重要的过程单元：CPU（包括存储器）及电源均应 1∶1 冗余配置。

B. 在需要时也可选用 PLC 硬件与热备软件构成的热备冗余系统、2 重化或 3 重化冗余容错系统等。

C. 控制回路的多点 I/O 卡应冗余配置。

D. 重要检测点的多点 I/O 卡可冗余配置。

E. 根据需要对重要的 I/O 信号，可选用 2 重化或 3 重化的 I/O 接口单元。

6）经济性的考虑。选择 PLC 时，应考虑性能价格比。考虑经济性时，应同时考虑应用的可扩展性、可操作性、投入产出比等因素，进行比较和兼顾，最终选出较满意的产品。

I/O 点数对价格有直接影响。每增加一块 I/O 卡件就需增加一定的费用。当点数增加到某一数值后，相应的存储器容量、机架、母板等也要相应增加，因此，点数的增加对 CPU 选用、存储器容量、控制功能范围等选择都有影响。在估算和选用时应充分考虑，使整个控制系统有较合理的性能价格比。

任务二　电动机连续运行的 PLC 控制

【任务描述】

按照继电器接触器控制电动机连续运行的电气控制图连接实物，观察电动机运行情况。再按照 PLC 控制电动机连续运行的电气控制图连接实物，用编程软件编写出三相异步电动机连续运行的 PLC 控制程序。然后将程序下载到 PLC，并进行程序的编辑、调试、运行及监视。再次观察电动机运行情况，对比分析两种控制方式的区别。其系统控制电路如图 1-11 所示。

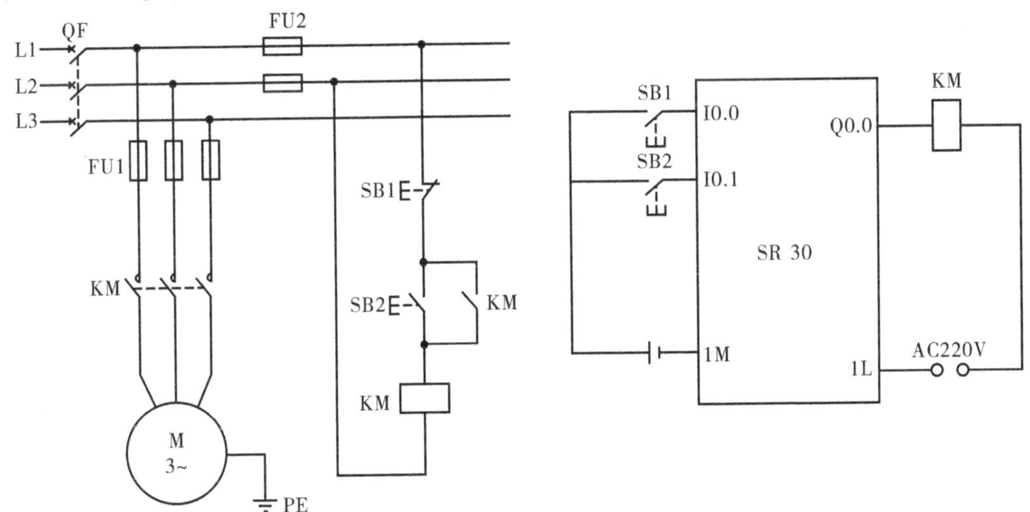

图 1-11　电动机连续运行系统控制电路

一、数据类型

1. 进制关系

（1）二进制数。

1）用1位二进制数表示数字量。二进制数的1位只能为0和1。用1位二进制数来表示开关量的两种不同的状态，线圈通电、常开触点接通、常闭触点断开为1状态（ON），反之为0状态（OFF）。二进制位的数据类型为BOOL（布尔）型。

2）多位二进制数。多位二进制数用来表示大于1的数字。从右往左的第 n 位（最低位为第0位）的权值为 $2n$。2#0000 0100 1000 0110 对应的十进制数为

$$(111.01)_2=(1\times2^2)+(1\times2^1)+(1\times2^0)+(0\times2^{-1})+(1\times2^{-2})$$

3）有符号数的表示方法。用二进制补码来表示有符号数，最高位为符号位，最高位为0时为正数，反之为负数。正数的补码是它本身，最大的16位二进制正数为2#0111 1111 1111 1111（32767）。

将正数的补码逐位取反（0变为1，1变为0）后加1，得到绝对值与它相同的负数的补码。例如，将1158的补码2#0000 0100 1000 0110逐位取反后加1，得到-1158的补码1111 1011 0111 1010。

（2）十六进制数。十六进制数用于简化二进制数的表示方法，16个数为0~9和A~F（10~15），4位二进制数对应于1位十六进制数，例如，2#1010 1110 0111 0101可以转换为16#AE75（或AE75H）。

十六进制数“逢16进1”，第 n 位的权值为 $16n$。16#2F对应的十进制数为2161+15160=47。

（3）BCD码（Binary Coded Decimal）。BCD码是各位按二进制编码的十进制数，“逢10进1”，用4位二进制数来表示1位十进制数，每一位只能是2#0000~2#1001。4位BCD码对应于16位二进制数，允许范围为16# 9999~16# 0000。

不同进制的表示方法见表1-1。

表1-1 不同进制的表示方法

十进制数	十六进制数	二进制数	BCD码	十进制数	十六进制数	二进制数	BCD码
0	16#0	2#0000	00000	9	16#9	2#1001	01001
1	16#1	2#0001	00001	10	16#A	2#1010	01010
2	16#2	2#0010	00010	11	16#B	2#1011	01011
3	16#3	2#0011	00011	12	16#C	2#1100	01011
4	16#4	2#0100	00100	13	16#D	2#1101	01011
5	16#5	2#0101	00101	14	16#E	2#1110	01110
6	16#6	2#0110	00110	15	16#F	2#1111	01111
7	16#7	2#0111	00111	16	16#10	2#10000	10000
8	16#8	2#1000	01000	17	16#11	2#10001	10001

拨码开关用来设置多位十进制参数值，PLC用输入点读取的多位拨码开关的输出值就是BCD码。用16#表示BCD码，图1-12所示拨码开关的输出为2#1000 0010 1001，其

BCD 码为 16#829。

电梯的楼层数转换为 BCD 码后，分别传送给图 1-13 所示的两个译码驱动芯片 4547。

图 1-12　拨码开关

图 1-13　译码驱动芯片 4547

2. 数据类型

(1) 位。二进制位 (Bit) 的数据类型为 BOOL (布尔)。I3.2 中的 I 表示输入，3 是字节地址，2 是字节中的位地址 (0~7)，如图 1-14 所示。

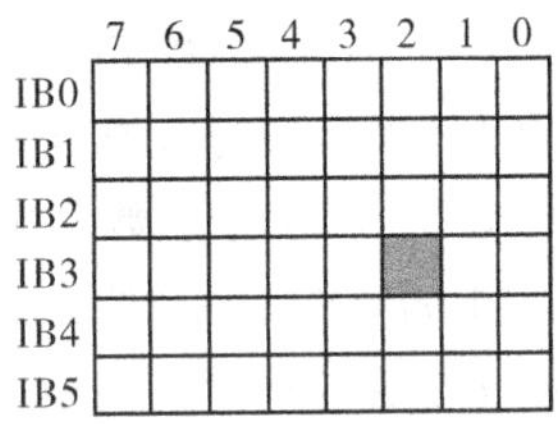

图 1-14　位数据与字节

(2) 字节。一个字节 (Byte) 由 8 个位数据组成，IB3 由 I3.0~I3.7 这 8 位组成。

(3) 字和双字 (图 1-15)。相邻的两个字节组成一个字 (Word)，相邻的两个字或 4 个字节组成一个双字 (Double Word)。

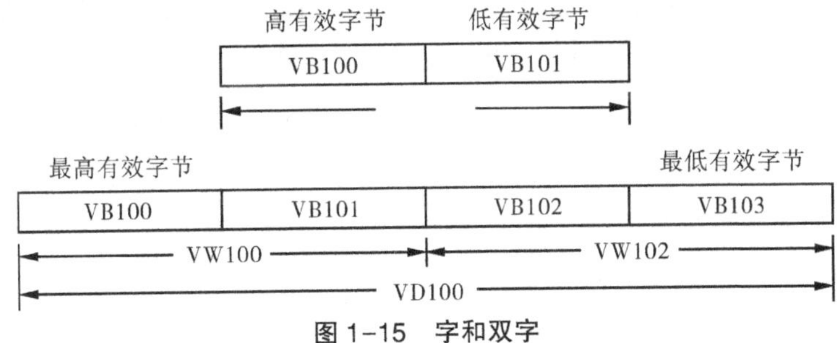

图 1-15　字和双字

用 VB100 的地址编号作为 VW100 和 VD100 的地址编号。

组成字和双字的编号最小的字节 VB100 为 VW100 和 VD100 的最高位字节。

字节、字和双字都是无符号数，它们的数值用 16#表示。

数据表示方式及取值范围见表 1-2。

表 1-2　数据表示方式及取值范围

基本数据	无符号整数表示范围		基本数据类型	有符号整数表示范围	
	十进制表示	十六进制表示		十进制表示	十六进制表示
字节 B (8 位)	0~25	0~FF	字节 B (8 位) 只用于 SHRB 指令	-128~127	80~7F

续表

基本数据	无符号整数表示范围		基本数据类型	有符号整数表示范围	
	十进制表示	十六进制表示		十进制表示	十六进制表示
字 W（16 位）	0~65535	0~FFFF	INT（16 位）	-32768~32 767	8000~7FFF
双字 D（32 位）	0~4294967295	0~FFFFFFFF	DINT（32 位）	-2147483648~2147483647	80000000~7FFFFFFF
BOOL（1 位）	0，1				
字符串	每个字符以字节形式存储，最大长度为 255 个字节，第一个字节中定义该字符串的长度。				
实数（IEEE32 位浮点数）	+1. 17549E-38~+3. 402823E+38（正数） +1. 17549E-38~-3. 402823E+38（负数）				

（4）16 位整数 INT 和 32 位双整数 DINT 都是有符号数。整数的取值范围为-32768~32767，双整数的取值范围为-2147483648~2147483648。

（5）32 位浮点数（REAL，实数）可以表示为 $1.m\times2^E$，IEEE 标准格式的浮点数的格式为 $1.m\times2^e$，最高位为符号位。指数 $e=E+127$，为 8 位正整数。第 0~22 位是尾数的小数部分 m，第 23~30 位是指数部分 e。在编程软件中，用小数表示浮点数。如图 1-16 所示。

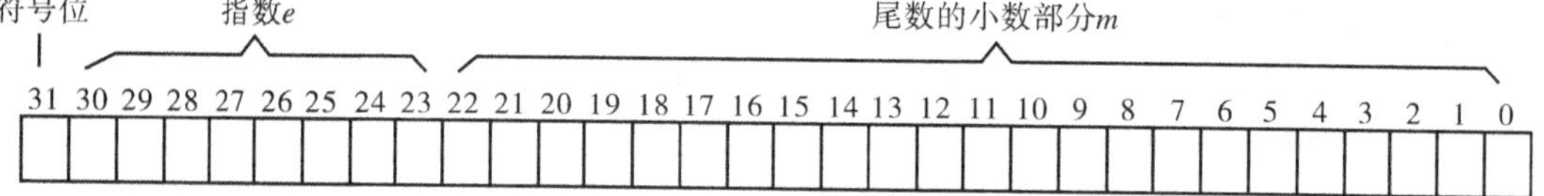

图 1-16　浮点数表示方式

（6）ASCII 码字符。ASCII 码使用指定的 7 位或 8 位二进制数组合来表示 128 或 256 种可能的字符。标准 ASCII 码也叫基础 ASCII 码，使用 7 位二进制数（剩下的 1 位二进制为 0）来表示所有的大写和小写字母，数字 0~9、标点符号，以及在美式英语中使用的特殊控制字符。数字 0~9 的 ASCII 码为十六进制数 30H~39H，英语大写字母 A~Z 的 ASCII 码为 41H~5AH，英语小写字母 a~z 的 ASCII 为 61H~AH7。

（7）字符串的数据类型为 STRING，由若干个 ASCII 码字符组成，第一个字节是字符串的长度（0~254），后面的每个字符占一个字节。变量字符串最多 255 个字节。但一个字符串常量的最大长度为 126 字节。字符串存储格式如图 1-17 所示。

长度	字符 1	字符 2	…	字符 254
字节 0	字节 1	字节 2		字节 254

图 1- 17　字符串存储格式

二、PLC 的编程元件

用户使用的 PLC 中的每一个 I/O、内部存储单元、定时器和计数器等都称作软元件或软继电器。软元件有其不同的功能，有固定的地址。软元件的数量决定了可编程控制器的规模和数据处理能力，每一种 PLC 的软元件数量一般来说是不同的，而且是有限的。

软元件是 PLC 内部的具有一定功能的器件，这些器件实际上是由电子电路和寄存器及存储器单元等组成的。例如，输入继电器是由输入电路和输入映像寄存器构成的，输出继电器是由输出电路和输出映像寄存器构成的，定时器和计数器也都是由特定功能的寄存器构成的。它们都具有继电器特性但没有机械性的触点。为了把这种元器件与传统电气控制电路中的继电器区别开来，我们把它们称作软元件或软继电器。

1. 输入过程映像寄存器（I）

输入继电器位于 PLC 存储器的输入过程映像寄存器区，其外部有一对物理的输入端子与之对应，该触点用于接收外部的开关信号，比如按钮、行程开关、光电开关等传感器的信号都是通过输入继电器的物理端子接入 PLC 的。当外部的开关信号闭合，则输入继电器（软元件）的线圈得电，在程序中其常开触点闭合，常闭触点断开。这些触点在编程时可以任意使用，使用次数不受限制。

2. 输出过程映像寄存器（Q）

输出继电器位于 PLC 存储器的输出过程映像寄存器区，都有一个 PLC 上的物理输出端子与之对应。当通过程序使得输出继电器线圈得电时 PLC 上的输出端开关闭合，可以作为控制外部负载的开关信号。同时在程序中其常开触点闭合，常闭触点断开。这些内部的触点可以在编程时任意使用，使用次数不受限制。

3. 位存储器（M）

通用辅助继电器（或中间继电器）位于 PLC 存储器的位存储器区，其作用和继电器接触器控制系统中的中间继电器相同，它在 PLC 中没有外部的输入端子或输出端子与之对应，因此它不能受外部信号的直接控制，其触点也不能直接驱动外部负载。这是它与输入继电器和输出继电器的主要区别，它主要用于在程序设计中处理逻辑控制任务。

4. 特殊存储器（SM）

特殊存储器又称为特殊继电器，用于存储系统的状态、有关的控制参数和信息。用户可以通过特殊标志来建立 PLC 与被控对象之间的关系，如可以读取程序运行中的设备状态和运算结果信息，利用这些信息实现一些特殊的控制动作，如高速计数和中断等，用户也可通过直接设置某些特殊继电器的标志位来使设备实现某种功能。其标志位提供了大量的状态和特殊的控制功能，起到在 PLC 和用户程序之间交换信息的作用。

特殊标志位可分为只读区和可读/可写区。对于只读区特殊标志位，用户只能利用其触点。可读/可写区特殊标志位用于特殊控制功能，如自由端口的设置、定时中断时间设置、高速计数器设置、脉冲输出控制等。

S7-200 SMART PLC 内设八种用途的特殊存储器，见表 1-3。

表 1-3　八种用途的特殊存储器

特殊存储器	用途
SM0.0	RUN 监控，PLC 在 RUN 状态时，该位始终为 1
SM0.1	该位在 PLC 首次扫描时为 1，用途之一是调用初始化子程序

续表

特殊存储器	用途
SM0.2	若保存数据丢失，该位将 ON 一个扫描周期
SM0.3	上电后进入 RUN 方式，该位将 ON 一个扫描周期
SM0.4	该位提供了一个 1min 周期的时钟脉冲，30s 为 1，30s 为 0
SM0.5	该位提供了一个 1s 周期的时钟脉冲，0.5s 为 1，0.5s 为 0
SM0.6	该位为扫描时钟，一个扫描周期为 1，下一个扫描周期为 0，交替循环
SM0.7	该位指示 CPU 工作方式开关的位置（0 为 TERM 位置，1 为 RUN 位置）。当开关在 RUN 位置时，该位可使自由端口通信方式有效，当切换为 TERM 位置时，同编程设备的正常通信也会有效

5. 变量存储器（V）

变量存储器用于在程序执行过程中存入中间结果，也可以使用变量存储器来保存与工序或任务相关的其他数据。这些数据或值可以是数值，也可以是“1”或“0”这样的位逻辑值。在进行数据处理时或使用大量的存储单元逻辑时，变量存储器会经常使用。

6. 局部存储器（L）

局部变量存储器用来存储局部变量，局部变量与变量存储器所存储的全局变量十分相似，主要区别在于全局变量是全局有效的，而局部变量是局部有效的。全局有效是指同一个变量可以被任何程序（包括主程序、子程序和中断程序）访问，而局部有效是指变量只和特定的程序相关联。

7. 顺序控制继电器（S）

顺序控制继电器称作状态器。顺序控制继电器用在顺序控制或步进控制中。如果未被使用在顺序控制中，它也可以作为一般的中间继电器使用。

8. 定时器存储器（T）

定时器是可编程序控制器中重要的编程元件，是累计时间增量的内部器件。电气自动控制的大部分领域都需要用定时器进行时间控制，灵活地使用定时器可以编制出复杂动作的控制程序。

定时器的工作过程与继电接触式控制系统的时间继电器基本相同，但它没有瞬动触点，且使用时要提前输入时间预设值，当定时器的输入条件满足时开始计时，当前值从 0 开始按一定的时间单位增加；当定时器的当前值达到预设值时，定时器触点动作。

9. 计数器存储器（C）

计数器用来累计输入脉冲的个数，经常用来对产品进行计数或进行特定功能的编程。使用时要提前输入它的设定值（计数的个数）。当输入触发条件满足时，计数器开始累计它的输入端脉冲电位上升沿（正跳变）的次数；当计数器计数达到预定的设定值时，其触点动作。

10. 模拟量输入映像寄存器（AI）、模拟量输出映像寄存器（AQ）

模拟量输入电路用以实现模拟量/数字量（A/D）之间的转换，而模拟量输出电路用以实现数字量/模拟量（D/A）之间的转换。在模拟量输入/模拟量输出映像寄存器中每个模拟量的长度为 1 个字长（16 位），且从偶数号字节进行编址来存取转换过的模拟量值。

这两种寄存器的存取方式不同，模拟量输入寄存器只能进行读取操作而模拟量输出寄存器只能进行写入操作。

11. 高速计数器（HC）

高速计数器的工作原理与普通计数器基本相同，只不过它用来累计比主机扫描速率更快的高速脉冲。高速计数器的当前值是一个双字长（32 位）的整数，且为只读值。

12. 累加器（AC）

累加器是一种用来暂存数据的寄存器。它可以用来存放数据，如运算数据、中间数据和结果数据，也可用来向子程序传递参数，或从子程序返回参数。CPU 提供了 4 个 32 位累加器（AC0~AC3），可以按字节、字和双字来存取累加器中的数据。

三、S7-200 SMART PLC 的寻址方式

PLC 将指令或数据存入或取出时要通过寻址，在 S7-200 SMART PLC 中，CPU 存储器的寻址方式有直接寻址和间接寻址两种形式。

1. 直接寻址

S7-200 SMART PLC 在具有唯一地址的不同存储位置存储信息。可以显示标识要访问的存储器地址。这样程序将直接访问该信息。直接寻址指定存储区、大小和位置。例如，VW790 表示 V 存储区中的字位置 790。

要访问内储区中的一个位，需要指定地址，其中包括存储区标识符、字节地址和前面带一个句点的位数。这种寻址方法也称为“字节位”寻址。例如，I3.4 是指 I（输入）存储区中字节 3 的第 4 位。

使用“字节地址”格式可按字节、字或双字访问多数存储区（V、I、Q、M、S、L 和 SM）中的数据。要按字节、字或双字访问存储器中的数据，必须采用类似于指定位地址的方法指定地址。如图 1-18 所示，地址包括区域标识符、数据大小指定和字节、字或双字值的起始字节地址。

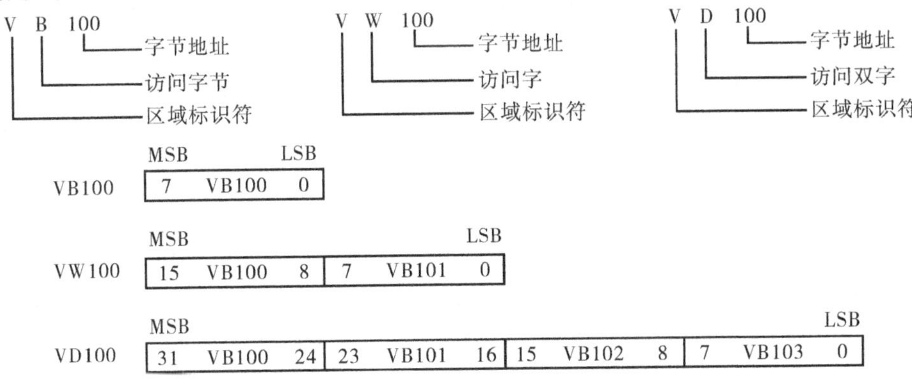

图 1-18 数据大小及起始字节

使用包括区域标识符和设备编号的寻址格式（表 1-4）来访问其他 CPU 存储区（如 T、C、HC 和累加器）中的数据。

表 1-4　S7-200 SMART PLC 元件名称及直接寻址格式

元件符号（名称）	所在数据区域	位寻址格式	其他寻址格式
I（输入继电器）	数字量输入映像区	Ax. y	ATx
Q（输出继电器）	数字量输出映像区	Ax. y	ATx
M（通用辅助继电器）	内部存储器区	Ax. y	ATx
SM（特殊继电器）	特殊存储器区	Ax. y	ATx
S（顺序控制继电器）	顺序控制继电器存储器区	Ax. y	ATx
V（变量存储器）	变量存储器区	Ax. y	ATx
L（局部变量存储器）	局部存储器区	Ax. y	ATx
T（定时器）	定时器存储器区	Ax	Ax（仅字）
C（计数器）	计数器存储器区	Ax	Ax（仅字）
AI（模拟量输入映像寄存器）	模拟量输入存储器区	无	Ax（仅字）
AQ（ 模拟量输出映像寄存器）	模拟量输出存储器区	无	Ax（仅字）
AC（累加器）	累加器区	无	Ax（任意）
HC（高速计数器）	高速计数器区	无	Ax（仅双字）

注　A：元件名称，即该数据在数据存储器中的区域地址，可以是表中的元件符号；

T：数据类型，若为位寻址，则无该项；若为字节、字或双字寻址，则 T 的取值应分别为 B、W 和 D；

x：字节地址；

y：字节内的位地址，只有位寻址才有该项。

2. 符号寻址

符号寻址使用字母、数字、字符组合来识别地址。符号常数使用符号名识别常数或 ASCII 字符值。

使用符号表进行全局符号赋值。如果在符号表或 POU 变量表中定义的局部变量中分配了符号地址，可以切换参数地址的查看方式。可从“视图”（View）菜单选择程序编辑器中的符号寻址。

3. 间接寻址

间接寻址使用指针访问存储器中的数据。指针是包含另一个存储位置地址的双字存储位置。只能将 V 存储位置、L 存储位置或累加器寄存器（AC1、AC2、AC3）用作指针。要创建指针，必须使用“移动双字”指令，将间接寻址的存储位置地址移至指针位置。指针还可以作为参数传递至子程序。

S7-200 SMART PLC 允许指针访问下列存储区：I、Q、V、M、S、T（仅限当前值）、C（仅限当前值）、SM、AI 和 AQ。不能使用间接寻址访问单个位或访问 HC、L 或 AC 存储区。

要间接访问存储器地址中的数据，通过输入一个“和”符号（&）和要寻址的存储位置，创建一个该位置的指针。指令的输入操作数前必须有一个“和”符号（&），表示存储位置的地址（而非其内容）将被移到指令输出操作数中标识的位置（指针）。

在指令操作数前面输入一个星号（*）可指定该操作数是一个指针。如图 1-19 所示，输入 *AC1 指定 AC1 是“移动字”（MOVW）指令引用的字长度值的指针。在该示例中，在 VB200 和 VB201 中存储的值被移至累加器 AC0。

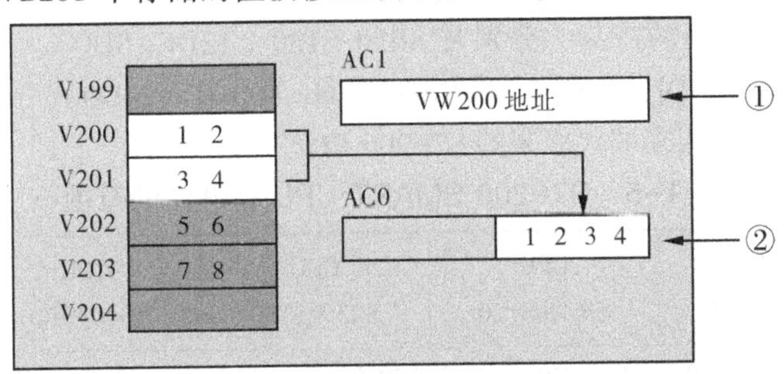

图 1-19　间接寻址

①MOVD&VB200，AC1

通过将 VB200（VW200 的初始字节）的地址移动到 AC1 创建指针。

②MOVW * AC1，AC0

将 AC1 指向的字值移动到 AC0。

四、S7-200 SMART PLC 硬件

S7-200 SMART PLC 属于小型 PLC，其主机的基本结构是整体式主机上有一定数量的 I/O 点，一个主机单元就是一个系统。它还可以进行灵活的扩展，如果 I/O 点数不够，则可增加扩展模块；如特殊通信或定位控制等，则可以增加相应的功能模块。

一个完整的 S7-200 SMART PLC 系统组成如图 1-20 所示。

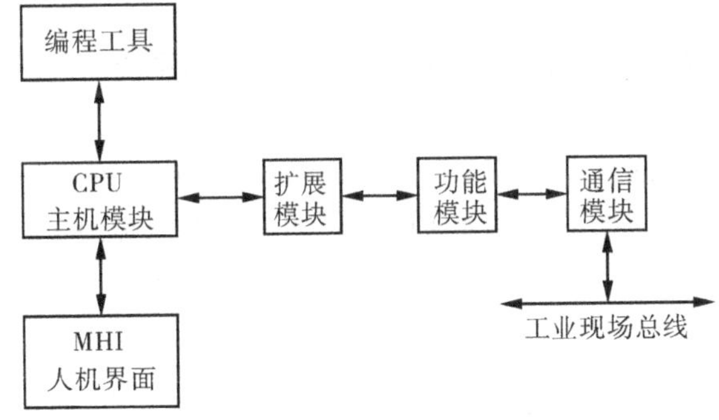

图 1-20　S7-200 SMART PLC 系统组成

1. 主机单元

主机单元又称基本单元或 CPU 模块，它由 CPU、存储器、基本 I/O 点和电源等组成，是 PLC 的主要部分，实际上它就是一个完整的控制系统，可以单独完成一定的控制任务。

S7-200 SMART PLC 的 CPU 模块主要有两大类：

一种是不可扩展的紧凑型 CPU 主机，输出为继电器方式，有 CR20（12DI，8DO）、CR30（18DI，12DO）、CR40（24DI，16DQ）和 CR60（36DI，24DQ）等 4 种。紧凑型

CPU 的价格便宜，但不可以进行模块的扩展，不支持以太网接口和信号板，不支持模拟量处理功能，用户程序存储量不大，高速计数器个数少，所以总体功能较弱，只能在特定的简单应用场合使用。

另外一种是可扩展的标准型 CPU 主机，根据输出方式不同，有继电器（R）输出和晶体管（T）输出两种类型的产品，分别是 SR20/ST20（12DI，8DO）、SR30/ST30（18DI，12DO）、SR40/ST40（24DI，16DQ）和 SR60/ST60（36D1，24DQ），见表 1-5。标准型 CPU 的功能强大，主要用来取代原来的 S7-200 PLC。

表 1-5　S7-200 SMART CPU 存储器的范围

寻址方式	CPU CR40/CR60	CPU SR20/ST20	CPU SR30/ST30	CPU SR40/ST40	CPU SR60/ST60
位访问（字节．位）	I0.0~31.7 Q 0.0~31.7 M0.0~31.7 SM0.0~1535.7 S0.0~31.7 T0~255 C0~255 L0.0~63.7				
	V0.0~8191.7		V0.0~12287.7	V0.0~16383.7	V0.0~20479.7
字节访问	IB0~31 QB0~31 MB0~31 SMB0~31 SB0~31 LB0~31 AC0~3				
	VB0~8191		VB0~12287	VB0~16383	V0.0~20479
字访问	IW0~30 QW0~30 MW0~30 SMW0~1534 SW0~30 T0~255 C0~255 LW0~30 AC0~3				
	VW0~8190		VW0~12286	VW0~16382	VW0~20478
	~		AIW0~110 AQW0~110		
双字访问	ID 0~28 QD 0~28 MD0~28 SMD 0~1532 SD 0~28 LD 0~28 AC 0~3 HC 0~3				
	VD 0~8188		VD 0~12284	VD 0~16380	VD 0~20476

2. 扩展单元

扩展单元也称扩展模块。主机 I/O 点数不能满足控制系统的要求时，用户可以根据需要扩展各种 I/O 模块。根据 I/O 点数不同（如 8 点、16 点等）、性质不同（如 DI、DO、AI、AO 等）、供电电压不同（如 DC24V、AC220V 等），I/O 扩展模块有多种类型。每个 CPU 所能连接的扩展单元的数量和实际所能使用的 I/O 点数是由多种因素共同决定的。

S7-200 SMART PLC 的 I/O 扩展模块有单独的 DI、DO、AI、AO 类型，也有 DI/DO、AI/AO 混合型的。

（1）输入扩展模块 EM DE08（8 点 DC）和 EM DE16（16 点 DC）。

（2）输出扩展模块 EM DT08（8 点 DC）和 EM DR08（8 点继电器）；EM QT16（16 点 DC）和 EM QR16（16 点继电器）。

（3）I/O 混合扩展模块 EM DT16（8 点 DC 输入/8 点 DC 输出）和 EM DR16（8 点 DC 输入/8 点继电器输出）；EM DT32（16 点 DC 输入/16 点 DC 输出）和 EM DR32（16 点 DC 输入/16 点继电器输出）。

（4）模拟量输入扩展模块 EM AE04（4 路 AI）和 EM AE08（8 路 AI）。

（5）模拟量输出扩展模块 EM AQ02（2 路 AO）和 EM AQ04（4 路 AO）。

（6）模拟量 I/O 混合扩展模块 EM AM03（2 路 AI/1 路 AO）和 EM AM06（4 路 AI/2 路 AO）。

3. 特殊功能模块

当需要完成某些特殊功能的控制任务时，就应扩展功能模块，它们是完成某种特殊控制任务的一些装置。如热电阻模块、热电偶模块、特殊通信模块等。热电阻和热电偶可以直接连接到模块上面，不需要使用变送器对其进行标准电流或电压信号的转换，模块上具有热电阻和热电偶型号选择开关，热电偶模块还具有冷端补偿功能。

（1）热电阻输入模块 EM AR0（2 路）和 EM AR04（4 路）。

（2）热电偶输入模块 EM AT04（4 路热电偶）。

（3）PROFIBUS DP 模块 EM DP01，可以使 S7-200 SMART PLC 作为从站接入 PROFIBUS 网络中。

（4）信号板 SB。这是 S 系列 S7-200 SMART PLC 增加的特殊功能，通过面板上的接口，可以接入数种扩展功能信号板，实现相应的功能。SB CM01 可提供 RS-485/RS232 通信接口；SB DT04 可提供 2DI/2DO 数字量接点；SB AE01 可提供 1 路 AI；SB AQ01 可提供 1 路 AO。

4. 相关设备

相关设备是为充分和方便利用系统的硬件和软件资源而开发和使用的一些设备，主要有编程设备、人机操作界面和网络设备等。

5. 软件

软件是为更好地管理和使用这些设备而开发的与之相配套的程序。对 S7-200 SMART PLC 来说，与其配套的软件主要有编程软件 STEP 7-Micro/WIN SMART 和 HMI 人机界面的组态编程工具软件 WinCC Flexible。

6. 人机界面

人机界面最大的作用就是架起操作人员和机器之间的一座桥梁，除了能代替和节省大量的 I/O 点外，还能完成各种各样的参数设定、画面显示、数据处理的任务。从而使得工业控制变得更加舒适和友好，功能也更加强大。

五、S7-200 SMART PLC 的外部结构

1. S7-200 SMART PLC 的亮点

（1）品种丰富，配置灵活，10 种 CPU 模块，CPU 模块最多 60 个 I/O 点，标准型 CPU 最多可以配置 6 个扩展模块，经济型 CPU 价格便宜。

（2）有 4 种可安装在 CPU 内的信号板，使配置更为灵活。

（3）CPU 模块集成了以太网接口和 RS-485 接口，可扩展一块通信信号板。

（4）场效应管输出的 CPU 集成了 100kHz 的 2 路或 3 路高速脉冲输出，集成了 S7-200 的位置控制模块的功能。

（5）使用 Micro SD（手机存储卡）可以实现程序的更新和 PLC 固件升级。

（6）编程软件界面友好，编程高效，融入了更多的人性化设计。

（7）S7-200 SMART、SMART LINE 触摸屏、V20 变频器和 V80/V60 伺服系统完美整合，无缝集成。

2. S7-200 SMART PLC 的安装

（1）安装的空间要求。PLC 常安装在控制柜（箱）里，为能很好地使用 PLC，安装

空间上应考虑以下几个方面：

1）S7-200 SMART PLC 的 CPU 和扩展模块常采用自然对流的散热方式，在每个单元的上方和下方都必须留有 25mm 的空间（不同产品散热空间要求不一样，如三菱 FX2N 系列要求 50mm 以上，具体参照各产品的安装使用手册），以便于正常散热，如图 1-21 所示。

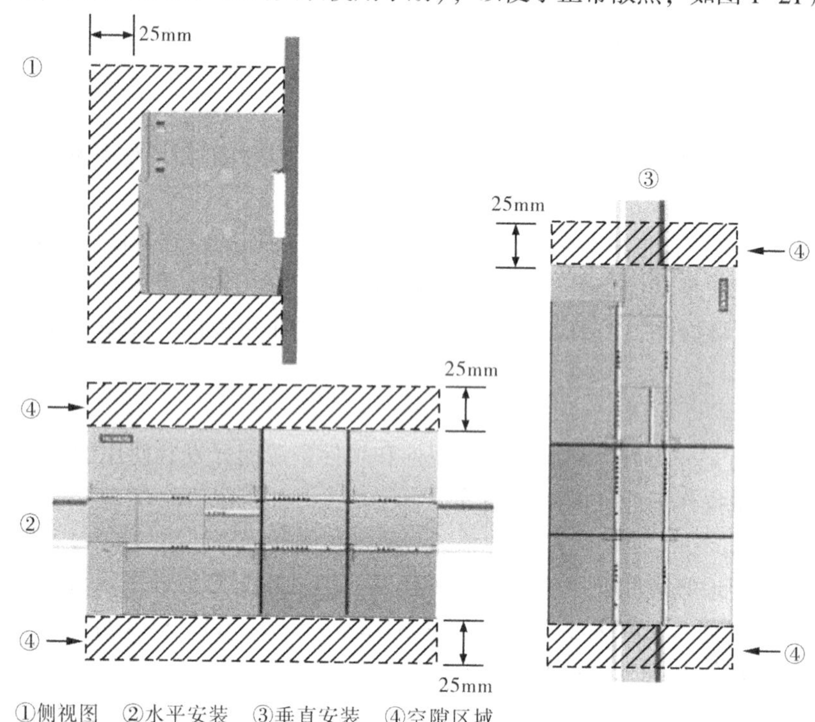

图 1-21 安装 S7-200 SMART PLC 的水平和垂直空间要求

2）为利于散热，PLC 应水平贴装在控制柜底板元件固定板上，一般不允许吊在控制柜顶或平放在控制柜底，也不推荐竖直安装。如必须竖直安装，控制柜内的最高温度应比水平安装降低 10℃，并且 CPU 模块要安装在其他模块的下方。如果安装在竖直导轨上，应该使用 DIN 导轨固定端子。

3）必须使控制柜面板距 PLC 安装背板 75mm 以上，如图 1-22 所示。

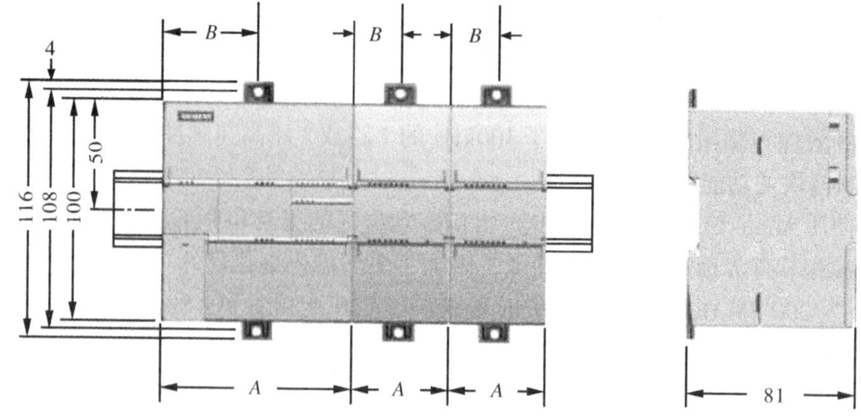

图 1-22 安装 S7-200 SMART PLC 尺寸（单位：mm）

4）要留出足够的空间容纳 I/O 线以及通信电缆。同时，安装 PLC 时应远离动力线，一般考虑距离在 200mm 以上。

（2）安装的形式。S7-200 SMART PLC 既可以安装在控制柜背板上，也可以安装在标准导轨上；既可以水平安装，也可以垂直安装。

（3）安装拆卸的方法。CPU 可以很方便地安装到标准 DIN 导轨或面板上。可使用 DIN 导轨卡夹将设备固定到 DIN 导轨上。这些卡夹还能掰到一个伸出位置以提供用于对设备进行面板安装的螺钉安装位置。

3. S7-200 SMART 的外部接线

（1）I/O 端子接线。PLC 通过 I/O 端子连接外部信号源和执行机构，PLC 的各个 I/O 接线端子都有号码，而且 I/O 端子是分组排列的。图 1-23 为 S7-200 SMART PLC 的 I/O 端子接线图。

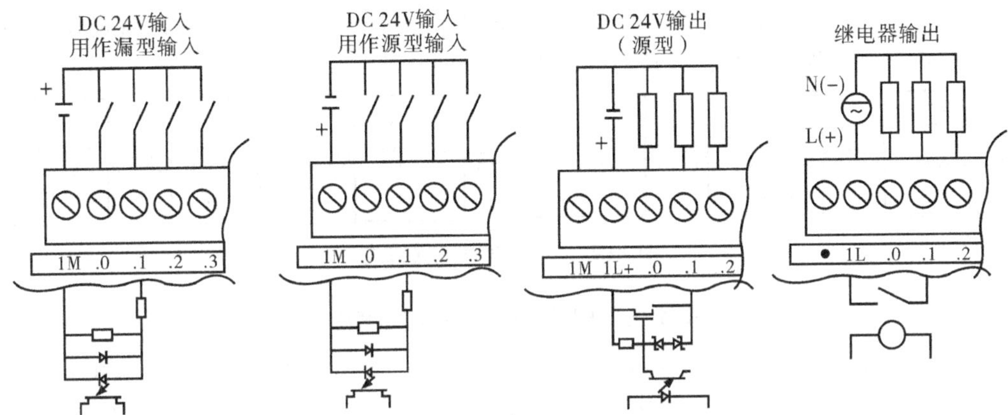

图 1-23　S7-200 SMART PLC 的 I/O 端子接线图

根据上述的 I/O 端子接线图，针对不同的 I/O 元件接线时需注意以下几点：

1）按钮、继电器触点、行程开关等无源触点（也称干接点）的元件及两线制传感器等元件，接线时可按照图 1-23 接线。

2）对于有源触点的传感器、仪表等元件接线时要考虑电源“+”“-”极，如图 1-23 所示。

3）输入端接线时，可用 PLC 本身提供的 DC 24V 电源，也可用外部提供的 DC 24V 电源。但因 PLC 本身提供的 DC 24V 电源容量有限，故若带传感器等耗能元件过多时，应使用外加电源。

4）输出端接的元件接线时要使用外部电源，应根据 PLC 输出接口电路的类型（继电器、晶体管、晶闸管）选择电源种类。对于继电器输出型的，同时还需考虑所带负载元件的电压类型及等级。严禁用 PLC 本身提供的 DC 24V 电源作为负载电源，如图 1-23 所示。

（2）点数扩展和编址。每种主机上集成的 I/O 点，其地址是固定的，进行扩展时，可以在 CPU 右边连接多个扩展模块。每个扩展模块的组态地址编号取决于各模块的类型和该模块在 I/O 链中所处的位置，编址方法是同种类型 I/O 点的模块在链中按与主机的位置而递增，其他类型模块的有无以及所处的位置不影响本类型模块的编号，例如，输出模块不会影响输入模块上的点的地址，同理，模拟量模块不会影响数字量模块的地址安排。

S7-200 SMART PLC 系统扩展对 I/O 的地址空间分配规则为：

1）同类型 I/O 点的模块进行顺序编址。

2）对于数字量，I/O 映像寄存器的单位长度为 8 位（1 个字节），本模块高位实际位数未满 8 位的，未用位不能分配给 I/O 链的后续模块，后续同类地址编排需重新从一个新的连续的字节开始。

3）对于模拟量，I/O 以 2 点或 2 个通道（2 个字）递增方式来分配空间，本模块中未使用的通道地址不能被后续的同类模块继续使用，后续地址的编排需重新从新的 2 个字以后的地址开始。

例 假设某一控制系统选用的 CPU 是 SR30 系统，所需的 I/O 点数各为：数字量输入 30 点、数字量输出 26 点、模拟量输入 6 点和模拟量输出 1 点。

本系统可有多种不同模块的选取组合，并且各模块在 I/O 链中的位置排列方式也可能有多种，图 1-24 所示为其中的一种模块连接形式。表 1-6 所列为其对应的各模块的编址情况。表中排列的地址为后续模块不能使用的地址间隙。

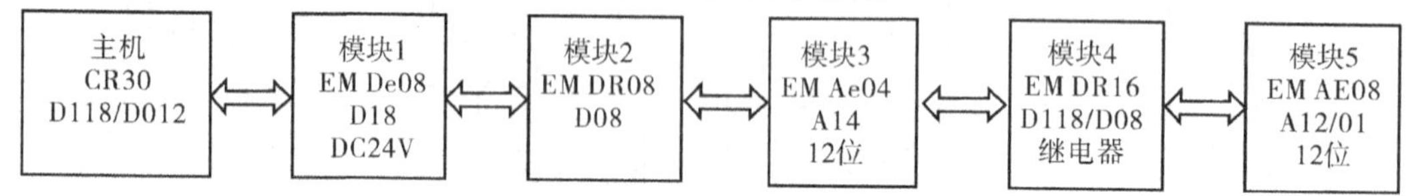

图 1-24　PLC 模块连接方式

表 1-6　PLC 各模块的编址情况

主机 I/O		模块 1 I/O	模块 2 I/O	模块 3 I/O	模块 4 I/O		模块 5 I/O	
I0. 0	Q0. 0	I3. 0	Q2. 0	AIW1	I4. 0	Q3. 0	AIW8	AQW0
I0. 1	Q0. 1	I3. 1	Q2. 1	AIW2	I4. 1	Q3. 1	AIW10	AQW2
I0. 2	Q0. 2	I3. 2	Q2. 2	AIW3	I4. 2	Q3. 2		
I0. 3	Q0. 3	I3. 3	Q2. 3	AIW4	I4. 3	Q3. 3		
I0. 4	Q0. 4	I3. 4	Q2. 4		I4. 4	Q3. 4		
I0. 5	Q0. 5	I3. 5	Q2. 5		I4. 5	Q3. 5		
I0. 6	Q0. 6	I3. 6	Q2. 6		I4. 6	Q3. 6		
I0. 7	Q0. 7	I3. 7	Q2. 7		I4. 7	Q3. 7		
I1. 0	Q1. 0							
I1. 1	Q1. 1							
I1. 2	Q1. 2							
I1. 3	Q1. 3							
I1. 4	Q1. 4							
I1. 5	Q1. 5							
I1. 6	Q1. 6							
I1. 7	Q1. 7							
I2. 0								
I2. 1								
I2. 2								
I2. 3								
I2. 4								
I2. 5								
I2. 6								
I2. 7								

任务三　电动机点动/长动混控电路的PLC控制

【任务描述】

按下按钮SB1，电动机点动运行；松开SB1，电动机停止运行；按下按钮SB2，电动机连续运行；松开SB2，电动机继续运行；按下停止按钮SB3，电动机停止运行，系统硬件接线图如图1-25所示。

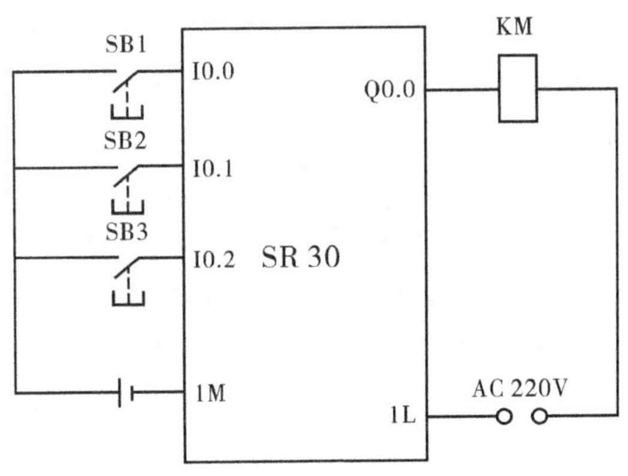

图1-25　系统硬件接线图

一、PLC的编程语言

PLC的生产厂家众多，各自提供的编程语言也或多或少有差别。为便于学习和交流，国际电工委员会（IEC）制定了关于PLC编程语言的国际标准，提供了5种标准语言。其中有三种是图形语言，包括梯形图（LD）、功能块图（FBD）和顺序功能图（SBC）；有两种是文本语言，即结构化文本（ST）和指令表（IL，也叫语句表）。我国常用的是梯形图、顺序功能图和指令表，欧洲一些国家习惯用功能块图，而结构化文本则用得较少。本书主要介绍梯形图、指令表、顺序功能图和功能块图。

1. 梯形图（Ladder Diagram，LD）

如图1-26所示，在不考虑虚线的情况下，程序图是用梯形图编写出的西门子S7-200 SMART PLC的一个程序。若加上右边的虚线部分，整个图形看起来像一架“梯子”，故称之为梯形图。

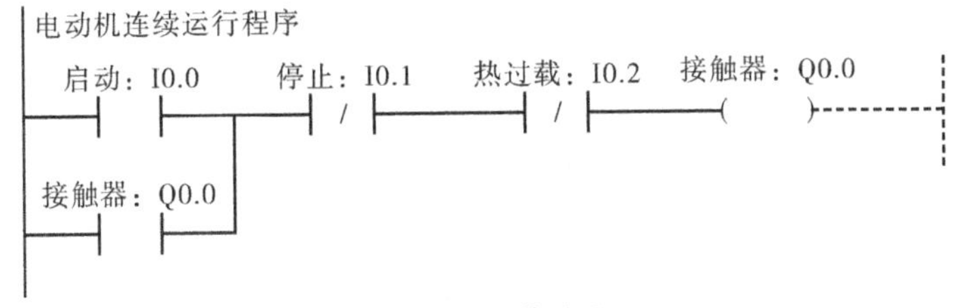

图1-26　梯形图

梯形图是最早使用的一种PLC的编程语言，也是现在最常用的编程语言。它的最大特点就是直观、清晰、简单易学。

梯形图两边的两条垂直的线称作母线。母线之间是触点的逻辑连接和线圈的输出。我们看梯形图时可以假想左母线为“火线”，右母线为“零线”，当程序执行时就像继电器电路里有电流流过一样。即当触点都接通时，右端的线圈能被激励，线圈对应的常开触点闭合，常闭触点断开，同时，输出继电器线圈Q还可以把运算结果通过输出接口输出来，用以驱动指示灯、电磁阀、接触器线圈等外部元件。事实上，梯形图里是没有电流的。

有的PLC的梯形图有两根母线，但大部分PLC现在只保留左边的母线。

2. 指令表（Instruction List，IL，也叫语句表）

指令表也是一种比较早的PLC的编程语言，它使用一些逻辑和功能指令的缩略语来表示相应的指令功能。指令表类似于计算机中的助记符语言，是用一个或几个容易记忆的字符来代表PLC的某种操作功能，按照一定的语法和句法编写出一行一行的程序。图1-27是PLC控制的连续运行的梯形图的指令表。

3. 顺序功能图（Sequential Function Chart，SFC）

顺序功能图亦称功能图。SFC的编程方法是法国人开发的，它是一种真正的图形化的编程方法，对于解决复杂的顺序控制问题非常方便。

4. 功能块图（Function Block Diagram，FBD）

功能块图使用像电子电路中的各种门电路，加上输入、输出，通过一定的逻辑连接方式来完成控制逻辑。它也可以把函数（FUN）和功能块（FB）连接到电路中，完成各种复杂的功能和计算。图1-28是PLC控制的连续运行程序的功能块图。

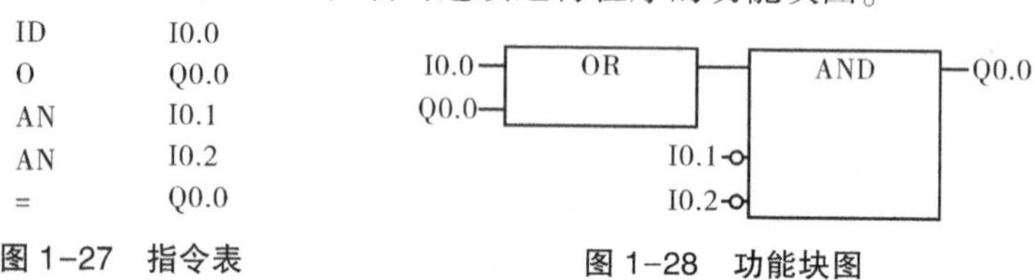

ID	I0.0
O	Q0.0
AN	I0.1
AN	I0.2
=	Q0.0

图1-27　指令表

图1-28　功能块图

二、PLC的编程软件介绍

1. 软件安装

打开编程软件安装包，找到安装程序setup. exe，双击运行直接安装（图1-29）。

图1-29　安装图1

安装程序将自动启动并引导完成整个安装过程（图 1-30）。

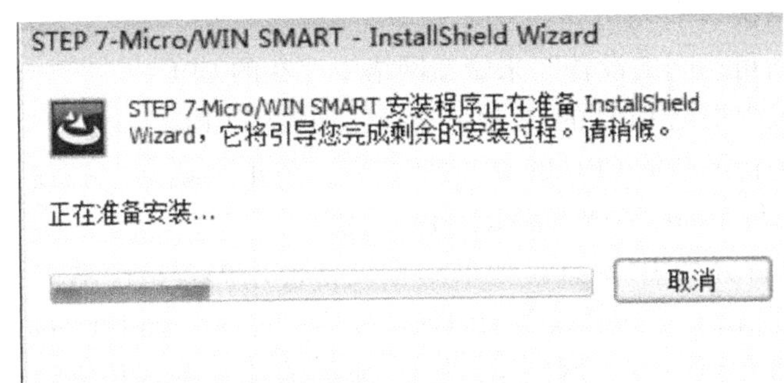

图 1-30　安装图 2

2. S7-200 SMART PLC 程序上载和下载

（1）建立通信连接。S7-200 SMART CPU 可以通过以太网电缆与安装有 STEP 7 Micro/WIN SMART 的编程设备进行通信连接。

（2）硬件连接（编程设备直接与 CPU 连接）。首先，安装 CPU 到固定位置；其次，在 CPU 上端以太网接口插入以太网电缆；最后，将以太网电缆连接到编程设备的以太网口上。

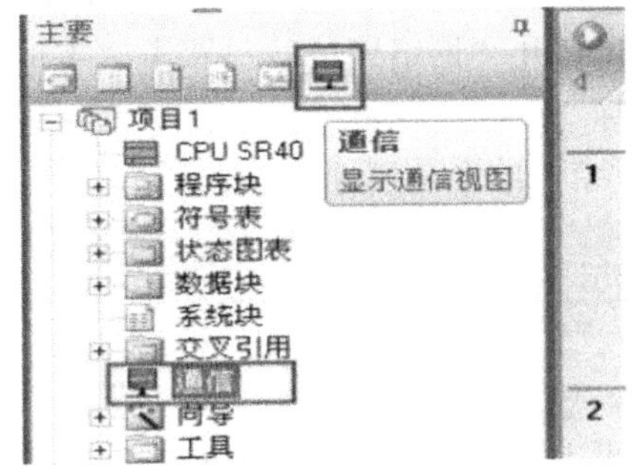

图 1-31　“通信”按钮

（3）建立 Micro/WIN SMART 与 CPU 的连接。首先，在 STEP 7-Micro/WIN SMART 中，单击“通信”按钮（图 1-31），打开“通信”对话框（图 1-32）。

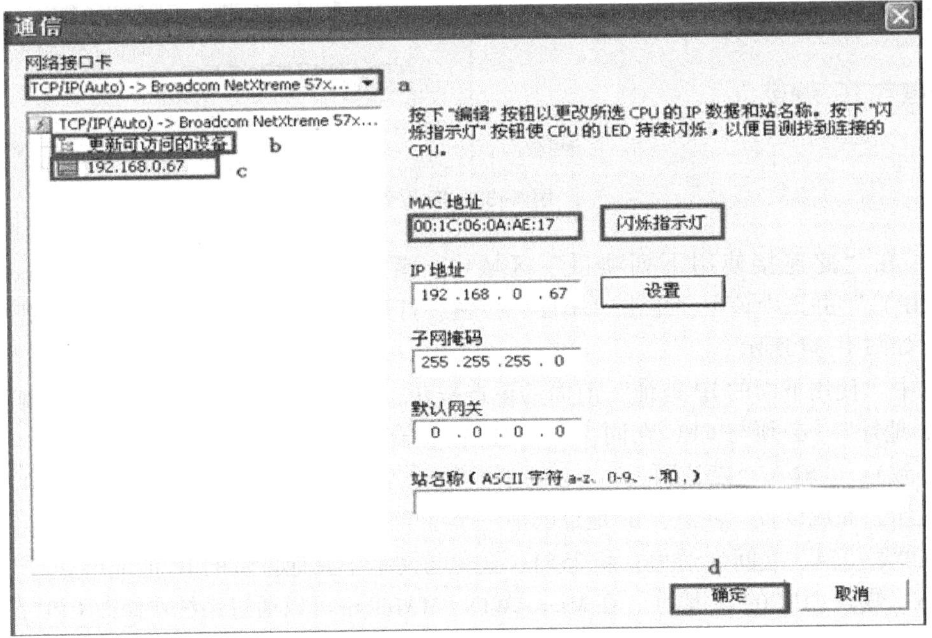

图 1-32　“通信”对话框

然后，进行如下操作：

1）单击“网络接口卡”。

2）双击“更新可访问的设备”来刷新网络中存在的CPU。

3）在设备列表中根据CPU的IP地址选择已连接的CPU。

4）选择需要进行下载的CPU的IP地址之后，单击“确定”按钮，建立连接（同时只能选择一个CPU与Micro/WIN SMART进行通信）。

（4）为编程设备分配IP地址。如果编程设备使用内置适配器卡（On-board Adapter Card）连接网络，则CPU和编程设备的内置适配器卡（On-board Adapter Card）的IP地址网络ID和子网掩码必须一致［网络ID为IP地址的前三个八位字节，如192.168.0.67（粗体部分），默认的子网掩码通常为255.255.255.0］。

具体操作步骤如下（基于Windows 10操作系统）：

1）打开“本地连接 状态”对话框。方式一：单击“开始”按钮→单击“控制面板”→双击打开“网络连接”→双击“本地连接”；方式二：在任务栏右下角单击“本地连接”图标。

2）单击“属性”按钮，打开“本地连接 属性”对话框，如图1-33所示。

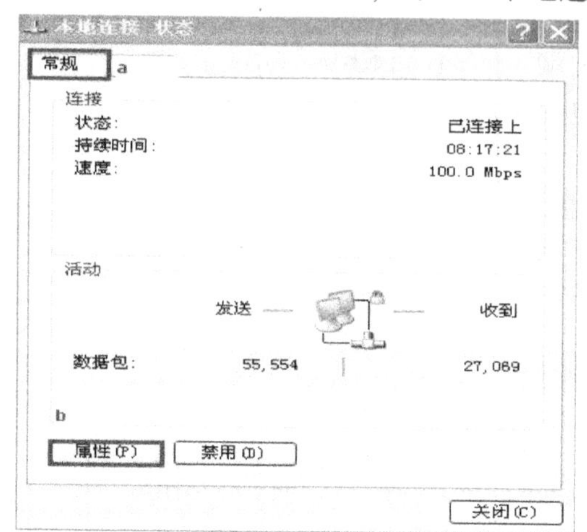

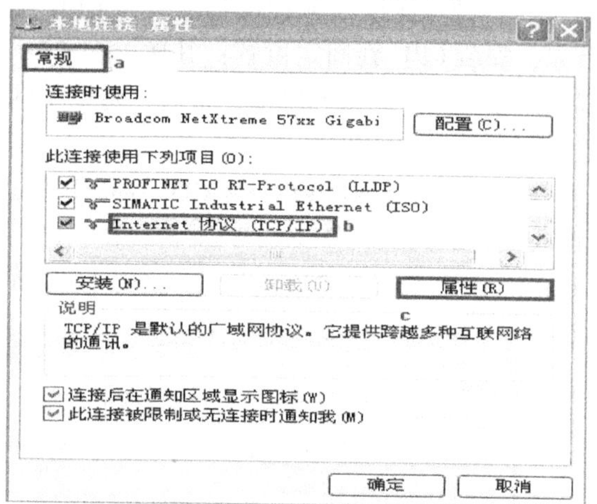

图1-33　IP设置

3）在“此连接使用下列项目”区域中，滑动右侧滚动条，找到“Internet 协议（TCP/IP）”并选中该项，单击“属性”按钮，打开“Internet 协议（TCP/IP）属性”对话框，如图1-34所示。

选中“使用下面的IP地址”前面的单选按钮，然后进行如下操作：①输入编程设备的“IP地址”（必须与CPU在同一个网段）；②输入编程设备的“子网掩码”（必须与CPU一致）；③输入“默认网关”（必须是编程设备所在网段中的IP地址）；④单击“确定”按钮，完成设置。注意：IP地址的前三个字节必须同CPU的IP地址一致，后一个字节应在“1~254”之间（避免0和255），避免与网络中其他设备的IP地址重复。

（5）修改CPU的IP地址。在Micro/WIN SMART中可以通过系统块修改CPU的IP地址，步骤如下：

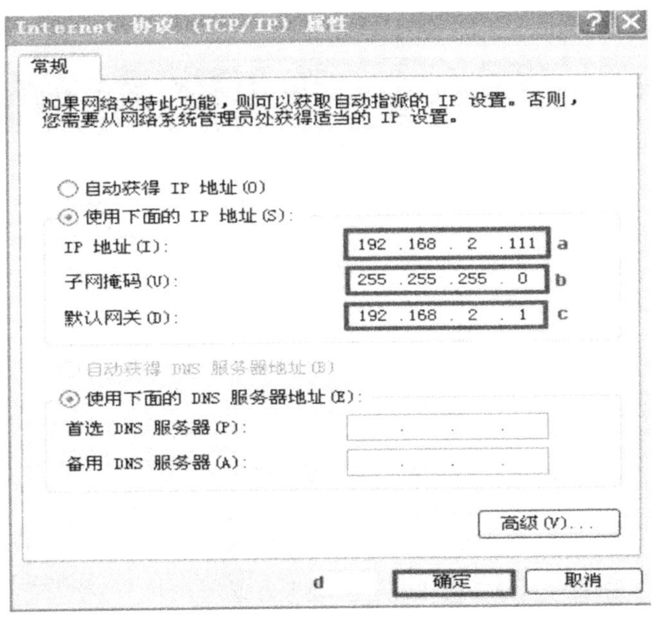

图 1-34 “Internet 协议（TCP/IP）属性”对话框

1）在导航条中单击“系统块”按钮，如图 1-35 所示，或者在项目树中双击打开“系统块”对话框。

2）打开后的“系统块”对话框，如图 1-36 所示。

然后进行如下操作：①选择 CPU 类型（与需要下载的 CPU 类型一致）；②选择“通信”选项；③设置 IP 地址、子网掩码和默认网关；④单击“确定”按钮，完成设置。

注意：由于系统块是用户创建的项目的一部分，所以只有将系统块下载至 CPU 时，IP 地址修改才能够生效。

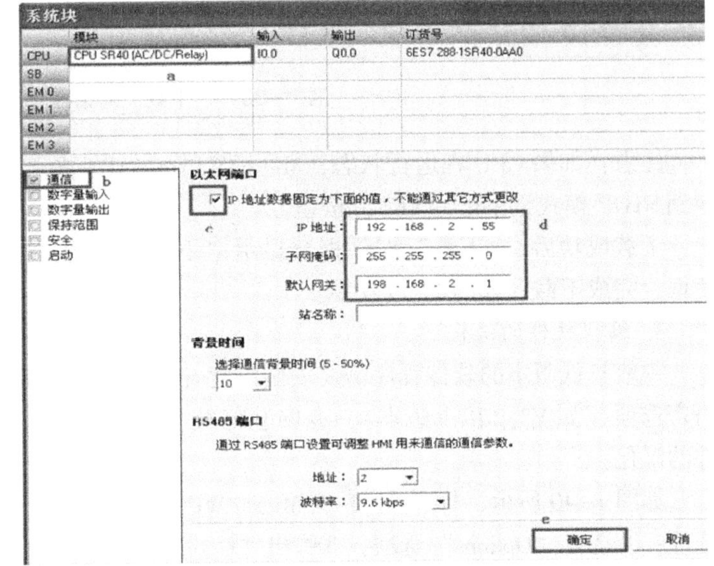

图 1-35 “系统块”按钮

图 1-36 “系统块”对话框

（6）下载程序。在 Micro/WIN SMART 中单击“下载”按钮，如图 1-37 所示。

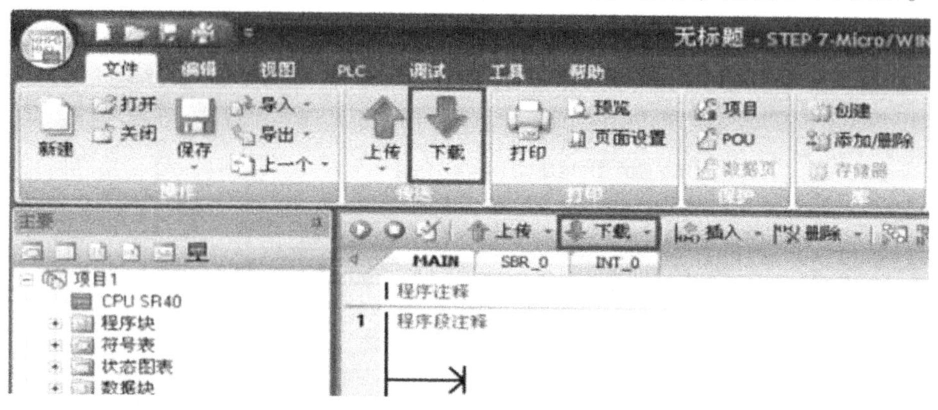

图 1-37　下载程序

打开“下载”对话框（图 1-38），选择需要下载的块，单击“下载”按钮进行下载。

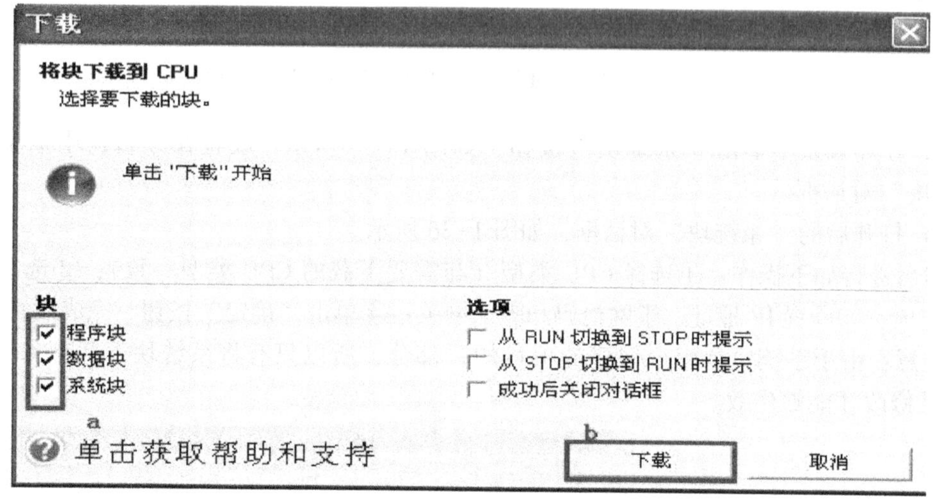

图 1-38　“下载”对话框

注意：如果 CPU 在运行状态，Micro/WIN SMART 会弹出提示对话框，提示将 CPU 切换到 STOP 模式，单击“YES”按钮。

下载成功后，“下载”对话框会显示“下载已成功完成”，单击“关闭”按钮关闭对话框，完成下载，如图 1-39 所示。

3. 编程软件的汉化

一般较低版本的软件程序需要安装汉化补丁，但较高版本的程序自身带有“中文”的语言选项（如 V3.2 以上版本），在安装好英文版的编程软件后，按如下操作即可完成软件的汉化：

如图 1-40 所示，打开 STEP 7-Micro/WIN SMART 编程软件，①选择“Tools”（工具）选项；②选择“Options”选项；③弹出“Options”对话框，选择“General”（常规）标签；④在“Language”（语言）框中选择“Chinese Simplified”（简体中文）；⑤单击“OK”按钮，该软件会自动关闭，以后再打开使用时即为中文版。

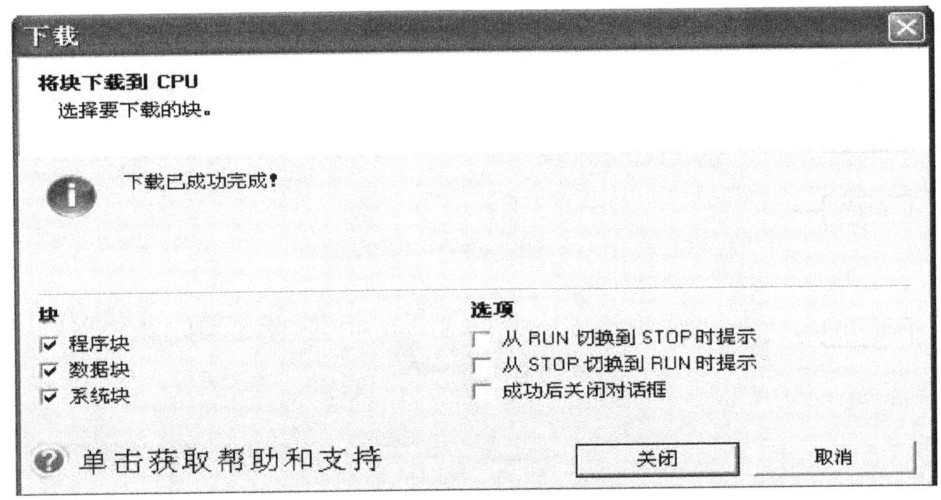

图 1-39　下载完成

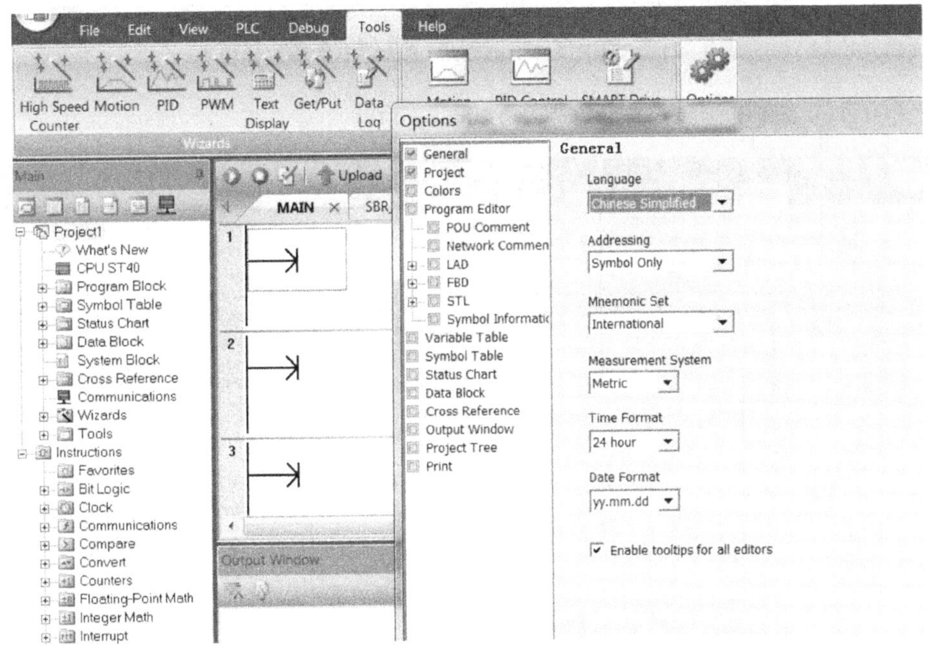

图 1-40　STEP 7-Micro/WIN SMART 编程软件的汉化

三、STEP 7-Micro/WIN SMART 用户界面

双击桌面上的“ ”图标，打开 STEP 7-Micro/WIN SMART 编程软件，其主界面如图 1-41 所示。

STEP 7-Micro/WIN SMART 含有多个窗口区域和元素（图 1-42）。标题栏显示当前打开的项目和软件名称；快速访问工具栏可以用来简单快速地访问常用菜单命令；菜单栏采用新颖的带状式菜单设计，所有菜单选项一览无余，形象的图标显示使操作更加方便快捷；通过项目树可以对整个项目的所有元素进行编辑和组织；导航栏可以用来快速访问项目组件；指令树可以用来方便快捷地创建程序；程序编辑器是最主要的程序编写区域，利

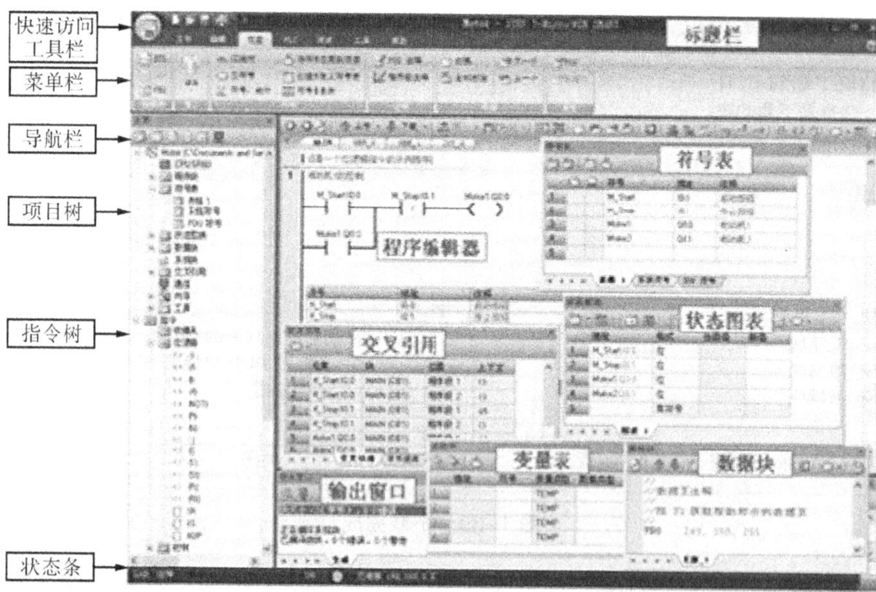

图 1-41　STEP 7-Micro/WIN SMART 编程软件界面

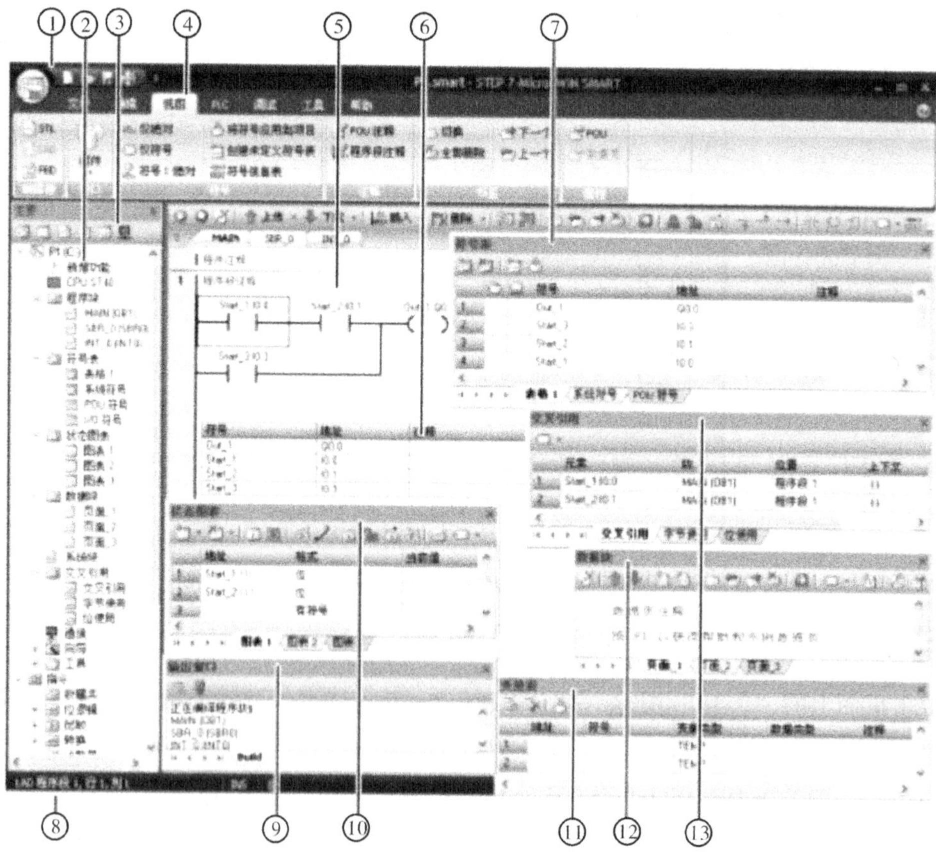

图 1-42　STEP 7-Micro/WIN SMART 的窗口组件

①快速访问工具栏　②项目树　③导航栏　④菜单栏　⑤程序编辑器　⑥符号信息表　⑦符号表
⑧状态栏　⑨输出窗口　⑩状态图表　⑪ 变量表　⑫数据块　⑬交叉引用

用工具栏按钮还可以方便快捷地执行常用的编程和调试操作；符号表可以为常量和存储器地址指定符号名称，提高程序的可读性，这些符号使用于程序的全局范围；变量表中定义的符号是对特定的 POU 有效的局部变量；状态图表可以在程序下载到 PLC 后用来采集信息，可以用图表和趋势曲线两种形式监控和调试程序；交叉引用标识在程序中使用的所有操作，便于了解程序中使用的存储器使用情况。

（1）快速访问工具栏。快速访问工具栏显示在菜单选项卡正上方。通过快速访问文件按钮可简单快速地访问“文件”（File）菜单的大部分功能，并可访问最近打开的文档。快速访问工具栏上的其他按钮对应于文件功能“新建”（New）、“打开”（Open）、“保存”（Save）和“打印”（Print），如图 1-42 所示。

（2）项目树（图 1-43）。项目树显示所有的项目对象和创建控制程序需要的指令。可以将单个指令从树中拖放到程序中，也可以双击指令，将其插入项目编辑器中的当前光标位置。

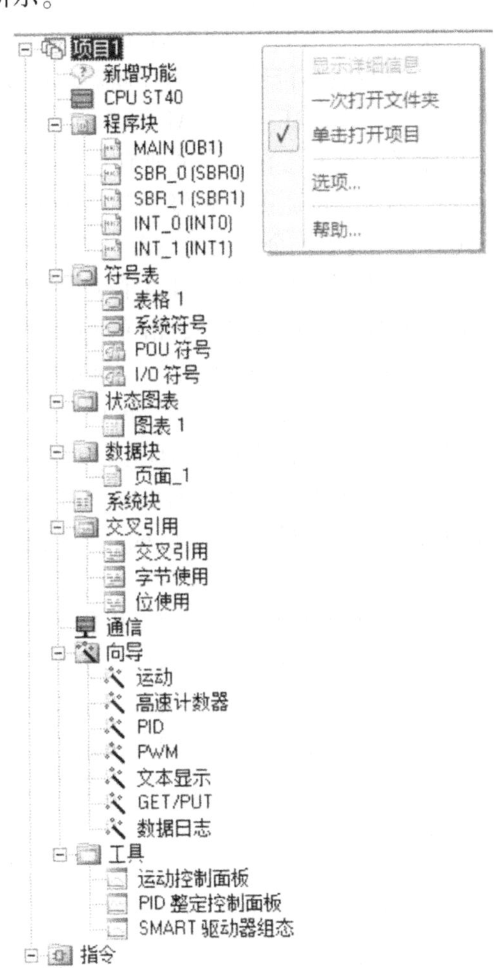

图 1-43　STEP 7-Micro/WIN SMART 项目树

项目树对项目进行组织：

1）右键单击项目，设置项目密码或项目选项。

2）右键单击“程序块”（Program Block）文件夹插入新的子程序和中断程序。

3）打开“符号表”（Program Block）文件夹，然后右键单击 POU 可打开 POU、编辑其属性、用密码对其进行保护或重命名。

4）右键单击“状态图”（Status Chart）或“符号表”（Symbol Table）文件夹，插入新图或新表。

5）打开“状态图”（Status Chart）或“符号表”（Symbol Table）文件夹，在指令树中右键单击相应图标，或双击相应的 POU 选项卡对其执行打开、重命名或删除操作。

（3）导航栏。导航栏显示在项目树上方，可快速访问项目树上的对象。单击一个导航栏按钮相当于展开项目树并单击同一选择内容。导航栏具有几组图标，用于访问 STEP 7-Micro/WIN SMART 的不同编程功能。

（4）菜单功能区。STEP 7-Micro/WIN SMART 显示每个菜单的菜单功能区。可通过右键单击菜单功能区并选择“最小化功能区”（Minimize the Ribbon）的方式最小化菜单功能区，以节省空间。

（5）程序编辑器。程序编辑器包含程序逻辑和变量表，可在该表中为临时程序变量分配符号名称。子程序和中断程序以选项卡的形式显示在程序编辑器窗口顶部。单击这些选项卡可以在子程序、中断程序和主程序之间切换。

STEP 7-Micro/WIN SMART 提供了三个用于创建程序的编辑器：①梯形图（LAD）；②语句表（STL）；③功能块图（FBD）。

尽管有一定限制，但是用任何一种程序编辑器编写的程序都可以用其他程序编辑器进行浏览和编辑。

可以在“视图”（View）菜单功能区的“编辑器”（Editor）部分将编辑器更改为LAD、FBD或STL。通过“工具”（Tools）菜单功能区“设置”（Settings）区域内的“选项”（Options）按钮，可组态启动时的默认编辑器。

（6）符号表。符号是可为存储器地址或常量指定的符号名称。可为下列存储器类型创建符号名：I、Q、M、SM、AI、AQ、V、S、C、T、HC。在符号表中定义的符号适用于全局，已定义的符号可在程序的所有程序组织单元（POU）中使用。如果在变量表中指定变量名称，则该变量适用于局部范围，它仅适用于定义时所在的POU，此类符号被称为“局部变量”，与适用于全局范围的符号有区别，符号可在创建程序逻辑之前或之后进行定义。

（7）状态栏。状态栏位于主窗口底部，显示在 STEP 7-Micro/WIN SMART 中执行的操作的编辑模式或在线状态的相关信息。

（8）输出窗口。“输出窗口”显示最近编译的POU和在编译过程中出现的错误的清单。如果已打开“程序编辑器”窗口和“输出窗口”，可双击“输出窗口”中的错误信息使程序自动滚动到错误所在的程序段。

（9）状态图表。在状态图表中，可以输入地址或已定义的符号名称，通过显示当前值来监视或修改程序输入、输出或变量的状态。通过状态图表还可强制或更改过程变量的值。

1）可以创建多个状态图表，以查看程序不同部分中的元素。

2）可以将定时器和计数器值显示为位或字。

3）如果将定时器或计数器值显示为位，则会显示指令的输出状态（0或1）。

4）如果将定时器或计数器值显示为字，则会显示定时器或计数器的当前值。

（10）变量表。通过变量表，可定义对特定POU局部有效的变量。在以下情况下使用局部变量：

1）要创建不引用绝对地址或全局符号的可移值子程序。

2）要使用临时变量（声明为TEMP的局部变量）进行计算，以便释放PLC存储器。

3）要为子程序定义输入和输出。

如果以上描述对具体情况不适用，则无须使用局部变量；可在符号表中定义符号值，从而将其全部设置为全局变量。

（11）数据块（DB）编辑器。数据块允许向V存储器的特定位置分配常数（数字值或字符串）。可以对V存储区的字节（V或VB）、字（VW）或双字（VD）地址赋值。还可以输入可选注释，前面带双斜线“//”。

1）数据块的第一行必须分配显式地址。可使用存储器地址（绝对地址）或符号表中以前分配给地址的符号名称（符号地址）。

2）后续行可分配显式地址或隐式地址。当在单个地址分配后键入多个数据值时，或键入仅包含数据值的一行时，编辑器会自动进行隐性地址分配。编辑器根据先前的地址分配及数据值大小（字节、字或双字），指定适当数量的 V 存储区。

3）数据块编辑器是一种自由格式文本编辑器，但是，它的预期地址或符号名称出现在第一个位置。如果继续输入一个隐式数据值条目，输入隐式赋值前在地址位置输入至少一个空格。键入一行后，按 Enter 编程概念键，数据块编辑器格式化该行（对齐地址列、数据和注释；大写 V 存储区地址）并重新显示行。数据块编辑器接受大小写字母，并允许使用逗号、制表符或空格作为地址和数据值之间的分隔符。

（12）交叉引用。若要了解程序中是否已经使用以及在何处使用某一符号名称或存储器分配，则可使用交叉引用表。交叉引用表标识在程序中使用的所有操作数，并标识 POU、程序段或行位置以及每次使用操作数时的指令上下文。在交叉引用表中双击某一元素可显示 POU 的对应部分。“元素”（Element）指程序中使用的操作数。可使用切换按钮在符号寻址和绝对寻址之间切换，以更改所有操作数的表示。

1）“块”（Block）指使用操作数的 POU。

2）“位置”（Location）指使用操作数的行或程序段。

3）“上下文”（Context）指使用操作数的程序指令。

练习题一

1. 数字设备公司于________年，研制出时间第一台 PLC。

2. PLC 主要由________、________、________、________等组成。

3. PLC 是通过周期扫描工作方式来完成控制的，每个周期包括________、________、________。

4. 特殊存储器位 SM________在首次扫描时为 ON，SM0.0 一直为________。

5. 输出指令（对应于梯形图中的线圈）不能用于________过程映像寄存器。

6. PLC 的定义是什么？

7. PLC 的工作原理是什么？简述 PLC 的扫描工作过程。

8. 试述 PLC 的分类。

9. PLC 的编程元件（软元件）有哪些？

10. S7-200 SMART PLC 硬件系统组成有哪些？

学习情境二　PLC 基本指令应用学习

任务分解

任务一　电动机正反转的 PLC 控制
任务二　自动往返电路的 PLC 控制
任务三　自动车库门系统的 PLC 控制

学习目标

📖知识目标

掌握常用 PLC 的基本编程指令、编程语言、编程软件的使用等。

📖技能目标

掌握 PLC 的结构及硬件连线。
熟练应用编程软件。

📖职业素养目标

养成严谨认真的工作态度，培养环保意识、节约意识、团队协作意识。

任务一　电动机正反转的 PLC 控制

【任务描述】

三相异步电动机连续运行电路中，KM1 为电动机正向运行交流接触器，KM2 为电动机反向运行交流接触器，SB1 为正向启动按钮，SB3 为反向启动按钮，SB2 为停止按钮，FR 为过载保护热继电器。当按下 SB1 时，KM1 的线圈通电吸合，KM1 主触点闭合，电动机开始正向运行。同时 KM1 的辅助常开触点闭合而使 KM1 线圈保持吸合，实现了电动机的正向连续运行，直到按下停止按钮 SB2 后停止；反之，当按下 SB3 时，KM2 的线圈通电吸合，KM2 主触点闭合，电动机开始反向运行，同时 KM2 的辅助常开触点闭合而使 KM2 线圈保持吸合，实现了电动机的反向连续运行，直到按下停止按钮 SB2 后停止；KM1、KM2 线圈互锁确保不同时通电。本任务主要研究用 PLC 来实现三相异步电动机的正反转控制，其硬件接线图如图 2-1 所示。

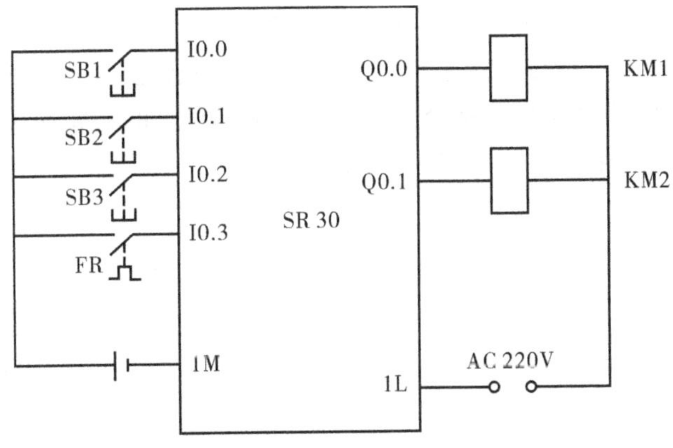

图 2-1 PLC 硬件接线图

一、PLC 的基本指令及应用

1. 基本位操作指令

(1) 逻辑取指令 LD/LDN（又称逻辑操作开始指令）。

LD（Load）：取指令，用于网络块逻辑运算开始的常开触点与左母线连接。

LDN（Load Not）：取反指令，用于网络块逻辑运算开始的常闭触点与左母线连接。

(2) 线圈输出指令=（Out）。=（Out）是线圈输出指令，输出逻辑运算结果，驱动除输入继电器外的所有继电器线圈（梯形图中不允许出现输入继电器的线圈）。

逻辑取指令 LD/LDN 与线圈输出指令=（Out）的格式如图 2-2 所示。

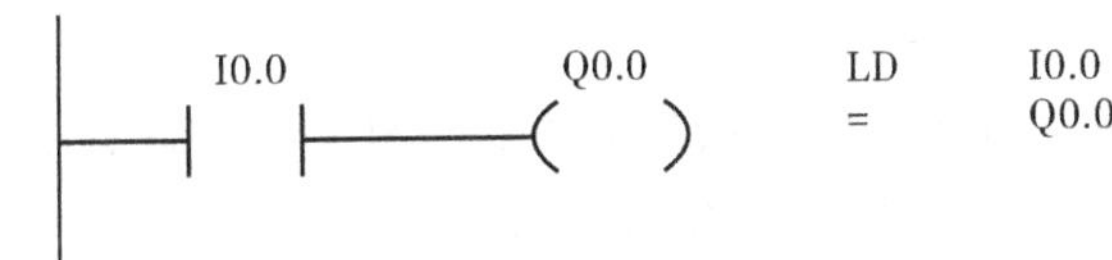

图 2-2 逻辑取指令 LD/LDN 与线圈输出指令=（Out）的格式

(3) 逻辑“与”指令 A/AN（又称触点串联指令）。

A（And）：逻辑“与”指令，用于单个常开触点的串联连接。

AN（And Not）：逻辑“与非”指令，用于单个常闭触点的串联连接。

A/AN 串联连接指令的格式如图 2-3 所示。

I0.0 I0.1 M0.0

I0.2 I0.3 M0.1

```
LD    I0.0
A     I0.1
=     M0.0
LD    I0.2
AN    I0.3
=     M0.1
```

图 2-3 A/AN 串联连接指令的格式

（4）逻辑“或”指令 O/ON（又称触点并联指令）。

O（Or）：逻辑“或”指令，用于单个常开触点的并联连接。

ON（Or Not）：逻辑“或非”指令，用于单个常闭触点的并联连接。

O/ON 触点并联指令的格式如图 2-4 所示。

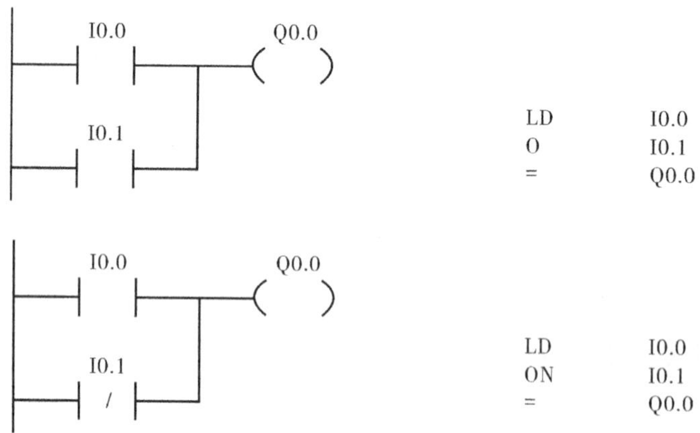

图 2-4　O/ON 触点并联指令的格式

2. 逻辑栈操作指令

在实际应用中，不但要求能够进行程序设计，有时还需要能够读懂他人编写的程序。在编制控制程序时，还会出现多个分支电路同时受一个或一组触点控制的情况。如果采用前面学过的指令将梯形图程序转换成语句表程序会有许多问题，所以还需要学习逻辑栈操作指令。

（1）块连接指令 OLD/ALD。电路块是指两个或两个以上触点之间的逻辑连接。语句表指令中，每个电路块均以 LD/LDN 指令为起始。

1）ALD 块“与”指令（又称并联电路块的串联连接指令）。两个或两个以上触点的并联连接，叫作并联块。并联块之间的串联用 ALD 指令，如图 2-5 所示。

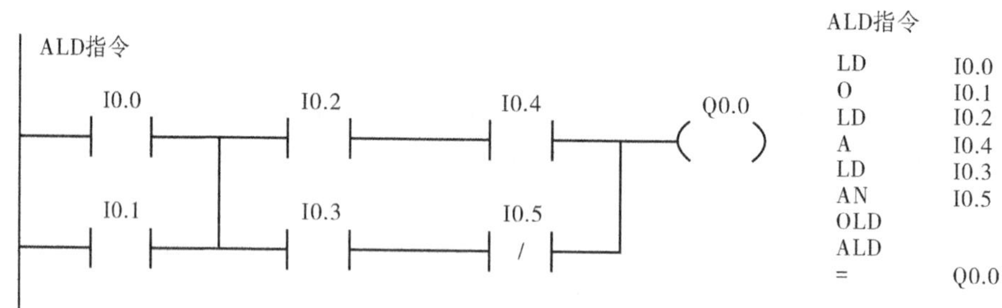

图 2-5　ALD 指令的格式

2）OLD 块“或”指令（又称串联电路块的并联连接指令）。两个或两个以上触点的串联连接，叫作串联块。串联块之间的并联连接，用 OLD 指令，如图 2-6 所示。

（2）栈操作指令 LPS/LRD/LPP。当电路中出现共用条件，即几个线圈共用一个或几个触点时，需要用到栈操作指令。对于栈的理解，我们可以看作向仓库堆货物，先入的货物要靠里面放，后进的货物靠门口放。而取货物时，要先取门口的（即后放入的），最后

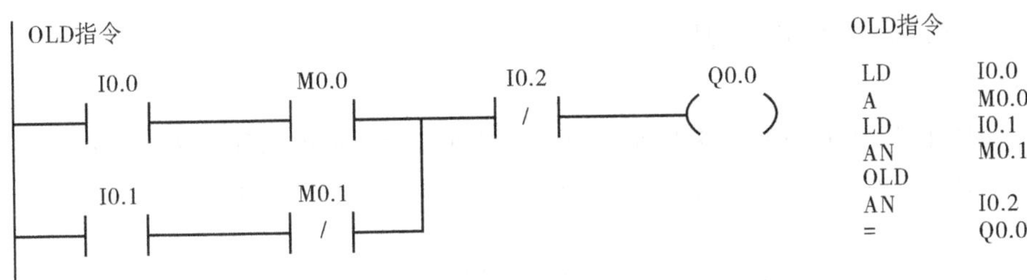

图 2-6　OLD 指令的格式

才取先放入的，即遵循“先入后出”原则。

1）LPS（Logic Push）：逻辑入栈指令（分支电路开始指令）。

逻辑入栈指令（LPS）复制栈顶的值并将其压入堆栈的下一层，栈中原来的数据依次向下一层推移，堆栈最低层的值被推出丢失。

2）LRD（Logic Read）：逻辑读栈指令。

逻辑读栈指令（LRD）将堆栈中第二层的数据复制到栈顶，2~32 层的数据不变，但原栈顶值丢失。

3）LPP（Logic Pop）：逻辑出栈指令（分支电路结束指令）。

逻辑出栈指令（LPP）使栈中各层的数据向上移动一层，第二层的数据成为堆栈的新的栈顶值，原栈顶值丢失。

（3）栈操作指令 LPS/LRD/LPP 的应用举例，如图 2-7 所示。

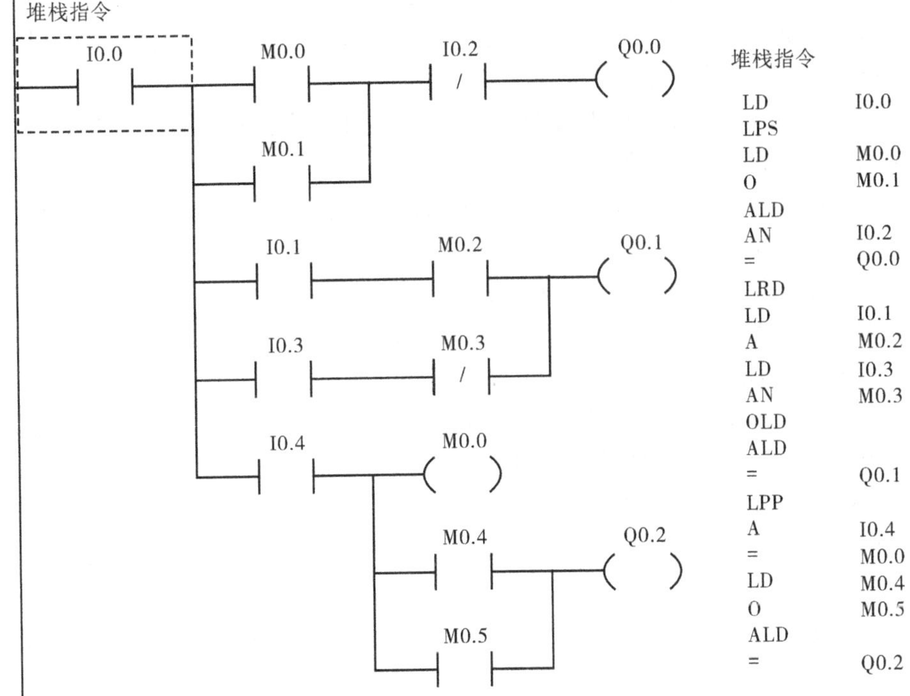

图 2-7　LPS/LRD/LPP 程序及语句表

二、PLC 梯形图编制规则

1. 梯形图的特点

（1）梯形图按从上到下、从左到右的顺序排列。每个继电器线圈为一个逻辑行。

（2）梯形图中的继电器不是物理继电器。每个继电器均为内存中的一位，称为“软继电器”。

（3）梯形图两端的母线并非实际电源的两端，所以通过梯形图内的电流为“概念电流”。

（4）梯形图中同一编号的继电器线圈只能出现一次，而触点可无限次引用。

（5）梯形图中，前面的逻辑行的执行结果，将立即被后面的逻辑操作所利用。

（6）输入继电器只有触点，没有线圈，其他继电器既有线圈又有触点。

（7）梯形图中指令的处理总是按排列的先后顺序，不存在不同逻辑行同时执行的情况。

2. 梯形图编制规则

（1）梯形图的每一行都是从左边母线开始，然后是各种触点的逻辑连接，最后以线圈或指令盒结束。触点不能放在线圈的右边。

（2）线圈和指令盒一般不能直接连接在左边的母线上，如需要的话可通过特殊的中间继电器 SM0.0（常为 ON 的特殊中间继电器）完成。

（3）同一程序中，同一编号的线圈不得重复使用，STEP 7-Micro/WIN SMART 中不允许双线圈输出，双线圈输出非常容易引起误动作，所以要避免使用。

（4）每一逻辑行中，串联触点多的支路应放在上方，并联触点多的支路应放在左方，这样做的好处，一是节省指令，二是美观。

（5）梯形图程序每行中的触点数没有限制，但如果太多，则在梯形图编程时，由于受屏幕显示的限制看起来会不舒服，另外打印出的梯形图程序也不好看。所以，在使用时，如果一行的触点数太多，则可以采取一些中间过渡的措施，比如使用中间继电器把过长的一行梯形图程序分为两行或三行。

（6）当多个逻辑行具有相同条件时，常合并起来。

（7）输入继电器的触点状态全部按相应的输入设备为动合触点进行设计更为合理。

例 1　三项异步电动机正反转运行的 PLC 控制。

任务要求：三相异步电动机连续运行电路中，KM1 为电动机正向运行交流接触器，KM2 为电动机反向运行交流接触器，SB1 为正向启动按钮，SB3 为反向启动按钮，SB2 为停止按钮，FR 为过载保护热继电器。当按下 SB1 时，KM1 的线圈通电吸合，KM1 主触点闭合，电动机开始正向运行；同时，KM1 的辅助常开触点闭合而使 KM1 线圈保持吸合，实现了电动机的正向连续运行，直到按下停止按钮 SB2 后停止。反之，当按下 SB3 时，KM2 的线圈通电吸合，KM2 主触点闭合，电动机开始反向运行；同时 KM2 的辅助常开触点闭合而使 KM2 线圈保持吸合，实现了电动机的反向连续运行，直到按下停止按钮 SB2 后停止。KM1、KM2 线圈互锁，确保不同时通电。本任务主要研究用 PLC 来实现三相异步电动机的正反转控制。

（1）配置 I/O 接口，见表 2-1。

表 2-1　三项异步电动机正反转 PLC 控制的 I/O 接口配置

输入配置		输出配置	
输入元件	PLC 编程元件	输出元件	PLC 编程元件
停止按钮 SB2	I0. 1	接触器 KM1 线圈	Q0. 0
正转启动按钮 SB1	I0. 0	接触器 KM2 线圈	Q0. 1
反转启动按钮 SB3	I0. 2		
热继电器 FR	I0. 3		

（2）系统硬件接线参见图 2-1。

（3）PLC 系统控制程序如图 2-8 所示。

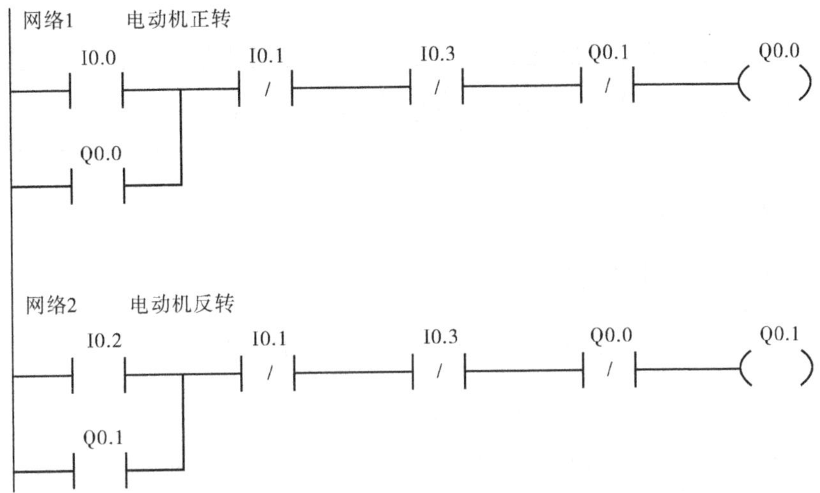

图 2-8　PLC 系统控制程序

例 2　多人抢答电路的 PLC 控制。

任务要求：

四人参加抢答题竞赛，抢答机会均等。主持人宣布开始后，若某人先按下按钮答题，其抢答状态指示灯亮，其余三人指示灯均不能亮；答题完毕后，主持人按下复位按钮，重新开始抢答。甲、乙、丙、丁四人分别使用 SB1、SB2、SB3、SB4 作为抢答按钮，SB5 为主持人按钮（恢复按钮）；EL1、EL2、EL3、EL4 分别为四人的抢答状态指示灯。

（1）配置 I/O 接口，见表 2-2。

表 2-2　多人抢答电路 PLC 控制的 I/O 接口分配

输入部分			输出部分		
输入元件	PLC 编程与元件	作用	输出元件	PLC 编程与元件	作用
SB1	I0. 0	甲抢答按钮	EL1	Q0. 0	甲指示灯
SB2	I0. 1	乙抢答按钮	EL2	Q0. 1	乙指示灯
SB3	I0. 2	丙抢答按钮	EL3	Q0. 2	丙指示灯
SB4	I0. 3	丁抢答按钮	EL4	Q0. 3	丁指示灯
SB4	I0. 4	主持人按钮			

（2）连接 PLC 控制电路，如图 2-9 所示。

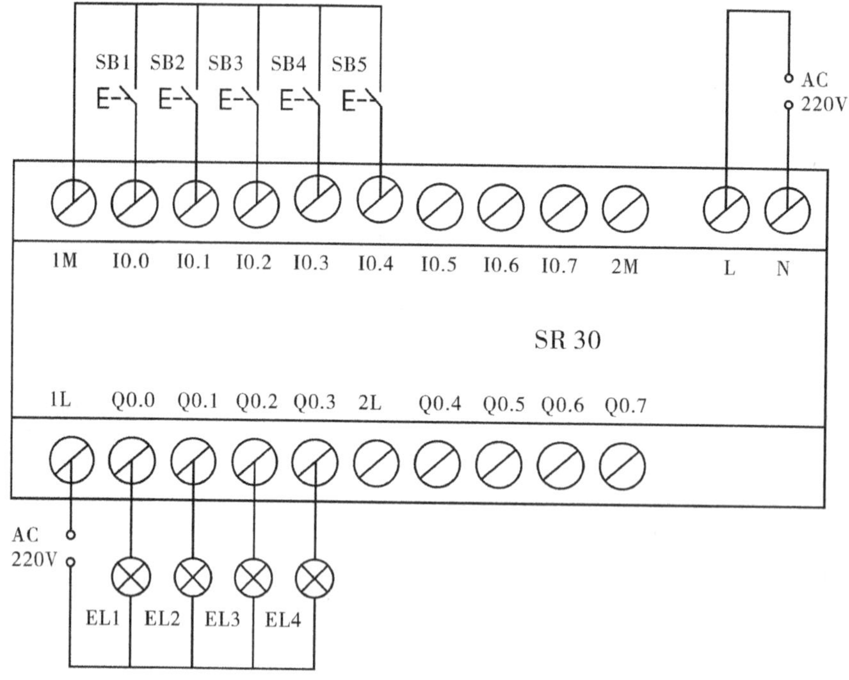

图 2-9　四人抢答器的 PLC 控制电路

（3）编制 PLC 梯形图、语句表，如图 2-10 所示。

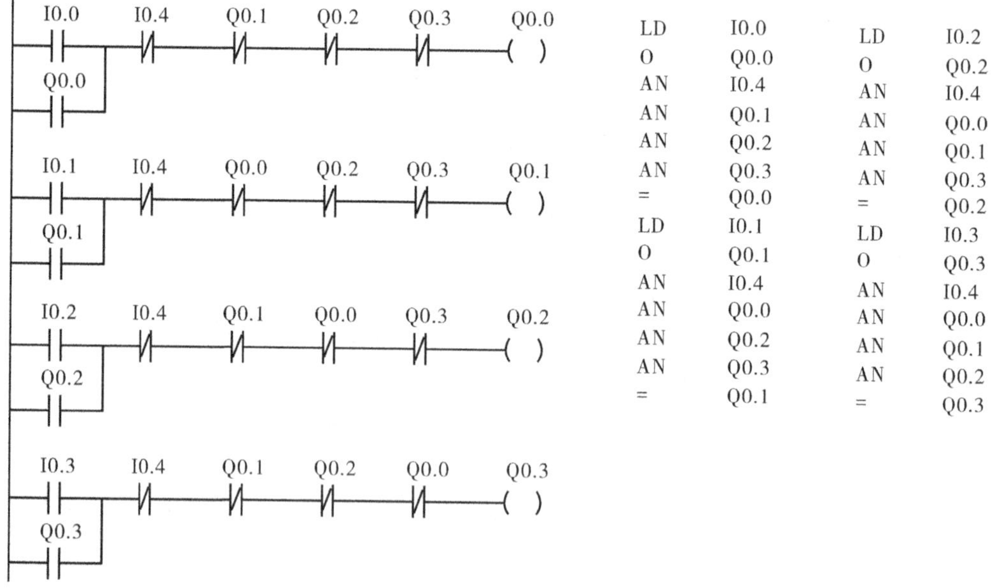

图 2-10　四人抢答器 PLC 梯形图及语句表

任务二　自动往返电路的 PLC 控制

【任务描述】

在工业生产过程中，经常会需要送料小车自动往返控制，如图 2-11 所示。小车从原位自右向左运动到达终点后装料，经过 3min 后返回，到达原位后卸料，经过 1min 后又开始向左运动，进行下一循环。这种控制要求如何通过 PLC 来实现呢？

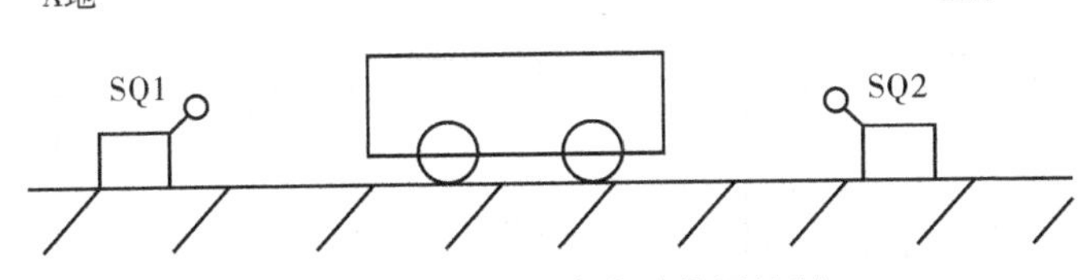

图 2-11　送料小车自动往返控制

一、定时器及其应用

定时器是 PLC 中最重要的元器件之一，它相当于继电器控制系统中的时间继电器，用于对内部时钟累计时间增量进行计数。S7-200 SMART PLC 提供了 256 个定时器，编号为 T0~T255，按照定时类型分为三种：接通延时定时器（TON）、保持型接通延时定时器（TONR）、断开延时定时器（TOF）。

1. 定时器的分辨率

S7-200 SMART PLC 定时器有三个分辨率等级：1ms、10ms 和 100ms，见表 2-3。

表 2-3　定时器的分辨率和编号

定时器类型	分辨率	最大当前值	定时器编号
TONR	1ms	32. 767s	T0~T64
	10ms	327. 67s	T1~T4，T65~T68
	100ms	3276. 7s	T5~T31，T69~T95
TON/TOF	1ms	32. 767s	T32~T96
	10ms	327. 67s	T33~T36，T97~T100
	100ms	3276. 7s	T37~T63，T101~T255

2. 定时器的编号

定时器的编号用定时器的名称和它的常数编号（最大为 255）来表示，即 T*n*。如：T45。同一个定时器编号不能同时用于 TON 和 TOF 定时器。

3. 定时器的时间设定

定时器定时时间 T 的计算：

$$T=PT\times S$$

式中，T 为实际定时时间，PT 为设定值，S 为分辨率（表 2-3）。

例如，TON 指令使用 T97（为 10ms 的定时器），设定值为 100，则实际定时时间为 $T=100\times10=1000\text{ms}$。

定时器的设定值 *PT*：数据类型为 INT 型。操作数可为 VW、IW、QW、MW、SW、SMW、LW、AIW、T、C、AC、*VD、*AC、*LD 和常数，其中常数最为常用。存储定时器当前所累计的时间，用 16 位符号整数来表示，最大计数值为 32 767。

4. 定时器的指令格式及工作原理

TON、TONR 和 TOF 三种定时器的指令格式见表 2-4。

表 2-4　定时器的指令格式

格式	定时器名称		
	接通延时定时器	保持型接通延时定时器	断开延时定时器
LAD/FBD	T××× IN　TON PT　???ms	T××× IN　TONR PT　???ms	T××× IN　TOF PT　???ms
STL	TON T×××，*PT*	TONR T×××，*PT*	TOF T×××，*PT*

（1）接通延时定时器（TON）。当使能端输入接通时，定时器开始计时，当前值从 0 开始递增。当前值大于或等于设定值时，该定时器被置位（输出状态位置 1）。当达到设定值后，定时器当前值继续增加，一直到最大值 32 767。当使能端输入断开时，定时器复位（当前值清零，输出状态位置 0）。接通延时定时器的应用举例如图 2-12 所示。

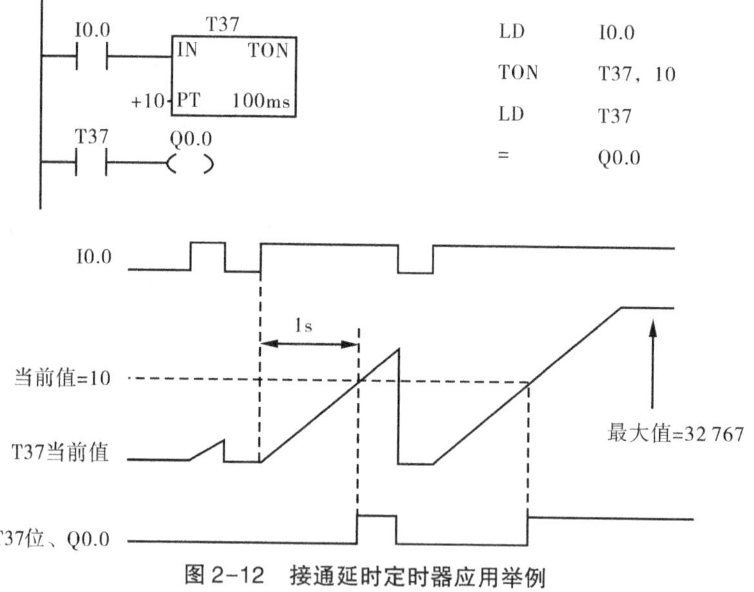

图 2-12　接通延时定时器应用举例

当 I0.0 接通时，定时器 T37 线圈得电开始计时，经过 1s 后，设定时间到 T37 动合触点闭合，Q0.0 线圈得电；当 I0.0 断开时，T37 线圈断电，当前值清零，T37 动合触点立即断开，Q0.0 线圈断电。

（2）保持型接通延时定时器（TONR）。当使能端输入接通时，定时器开始计时，当前值递增，当前值大于或等于设定值时，定时器被置位。当达到设定值后，定时器当前值继续增加，一直到最大值 32 767。

当使能端断开时，当前值保持不变，使能端再次接通时，在原记忆值的基础上递增计数。这种类型的定时器采用线圈的复位指令进行复位操作，当复位线圈有效时，定时器当前值清零，输出状态位置 0。保持型接通延时定时器的应用举例如图 2-13 所示。

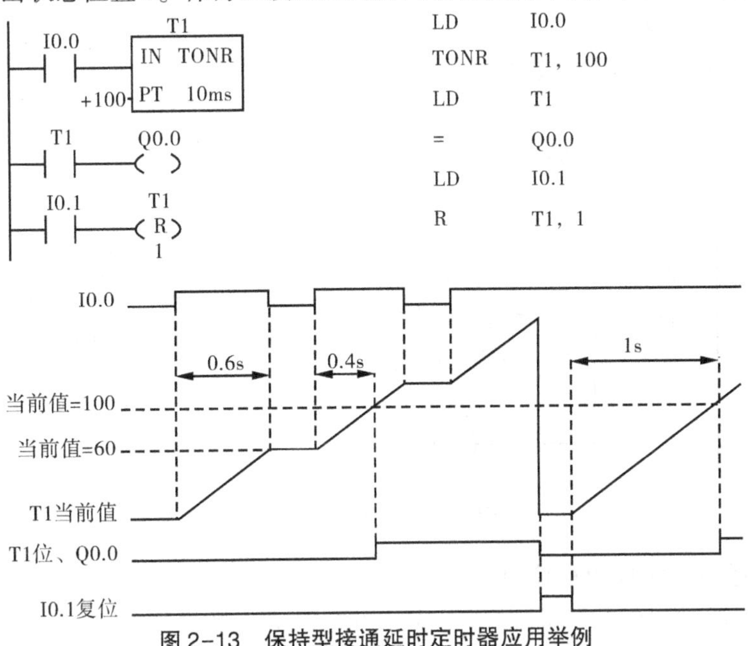

图 2-13　保持型接通延时定时器应用举例

当 I0.0 接通时，定时器 T1 线圈得电开始计时，经过 1s 后，设定时间到，T1 动合触点闭合，Q0.0 线圈得电；当 I0.0 断开时，T1 线圈断电，但保持当前值不变，Q0.0 线圈不断电，只有当 I0.1 接通时，T1 线圈复位，Q0.0 线圈才断电。

（3）断开延时定时器（TOF）。当使能端输入接通时，定时器位立即置位，并把当前值设为 0。当使能端断开时，定时器开始计时，直到达到设定值 PT，定时器位复位，并且当前值停止增加。当输入断开的时间短于设定值时，定时器位保持接通。断开延时定时器的应用举例如图 2-14 所示。

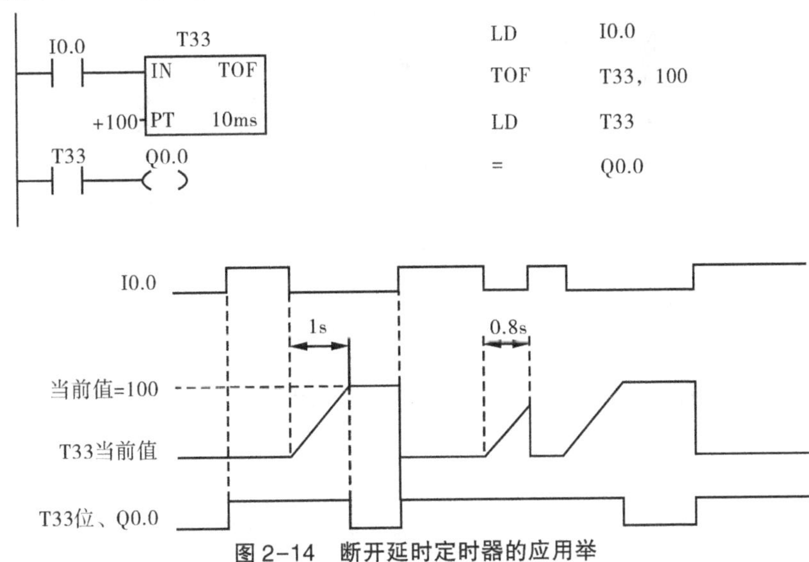

图 2-14　断开延时定时器的应用举

当 I0.0 接通时，定时器 T33 线圈得电，其动合触点立即闭合，Q0.0 线圈得电；当 I0.0 断开时，T33 线圈断电开始计时，经过 1s 后，设定时间到，T33 动合触点断开，Q0.0 线圈断电。

5. 定时器的应用举例

例 1 闪烁电路（程序如图 2-15 所示）。

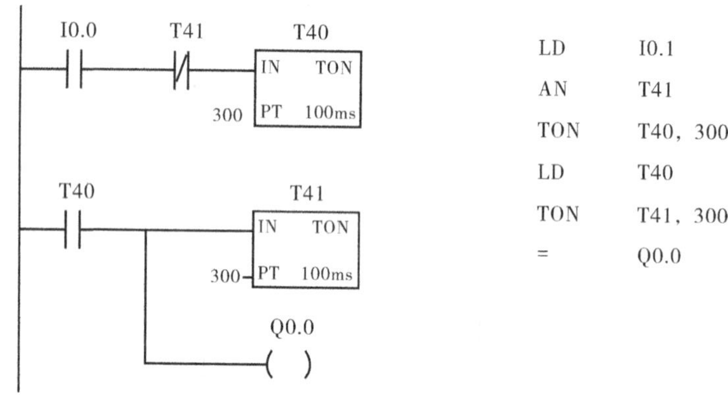

图 2-15 闪烁电路程序

例 2 交通信号灯的 PLC 控制。

如图 2-16 所示，在十字路口的东、西、南、北方向装设红、绿、黄灯，信号灯受一个启动开关控制，当启动开关接通时，信号灯系统开始工作，且先南北红灯亮，东西绿灯亮。当启动开关关断时，所有信号灯都熄灭。

当按下启动按钮后，南北红灯亮 25s，在南北红灯亮 25s 的时间里，东西绿灯先亮 25s，再以 1 次/s 的频率闪烁 3 次，接着东西黄灯亮 2s，25s 后南北红灯熄灭，熄灭时间维持 30s，在这 30s 时间里，东西红灯一直亮，南北绿灯先亮 25s，然后以 1 次/s 频率闪烁 3 次，接着南北黄灯亮 2s。以后重复该过程。

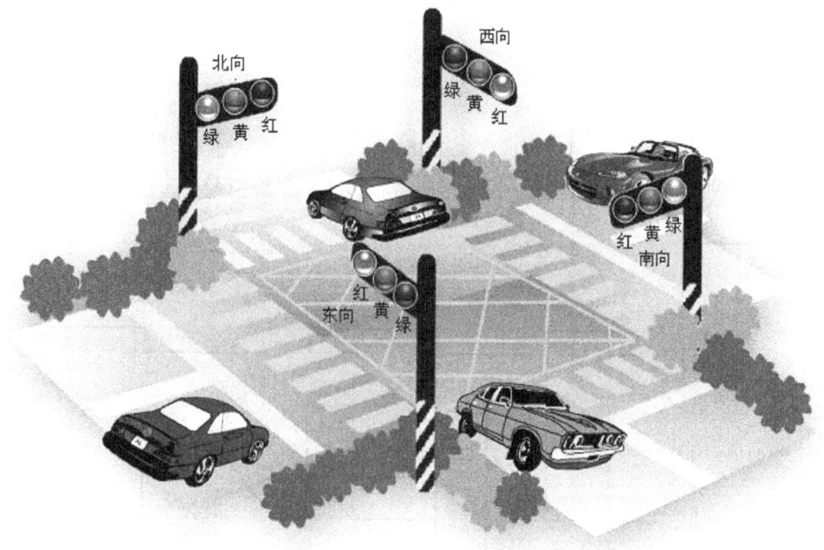

图 2-16 十字路口交通信号灯示意图

（1）I/O 接口分配见表 2-5。

表 2-5 交通信号灯 PLC 控制的 I/O 接口分配

输入部分		输出部分	
输入元件	PLC 编程元件	输出元件	PLC 编程元件
启动开关 SA	I0.0	南北绿灯 HL1	Q0.0
		南北黄灯 HL2	Q0.1
		南北红灯 HL3	Q0.2
		东西绿灯 HL4	Q0.3
		东西黄灯 HL5	Q0.4
		东西红灯 HL6	Q0.5

（2）PLC 硬件接线图如图 2-17 所示。

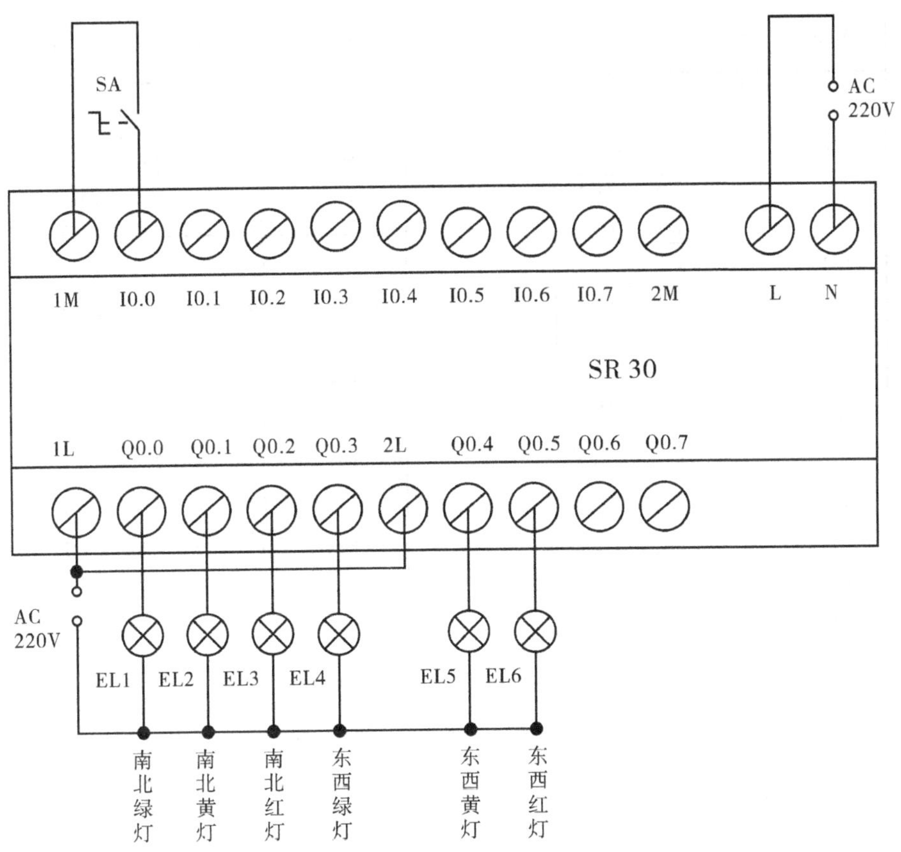

图 2-17 PLC 硬件接线图

（3）十字路口交通信号灯控制时序图如图 2-18 所示。

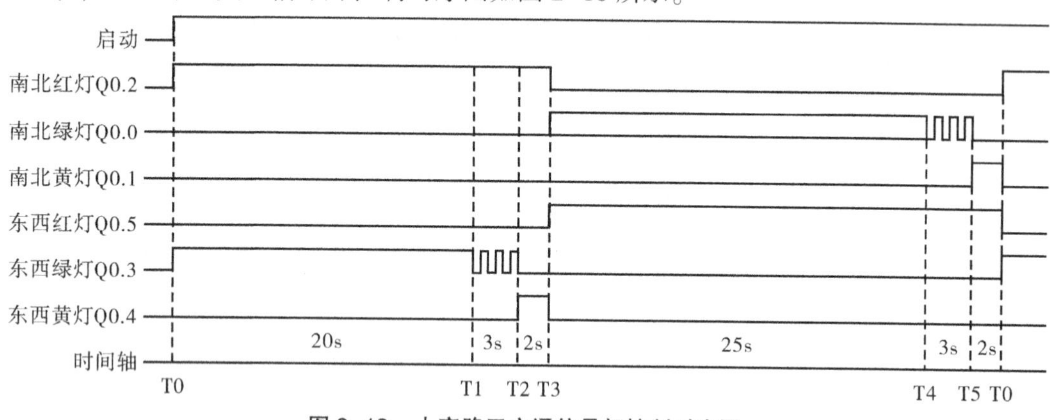

图 2-18　十字路口交通信号灯控制时序图

（4）十字路口交通信号灯 PLC 控制程序如图 2-19 所示。

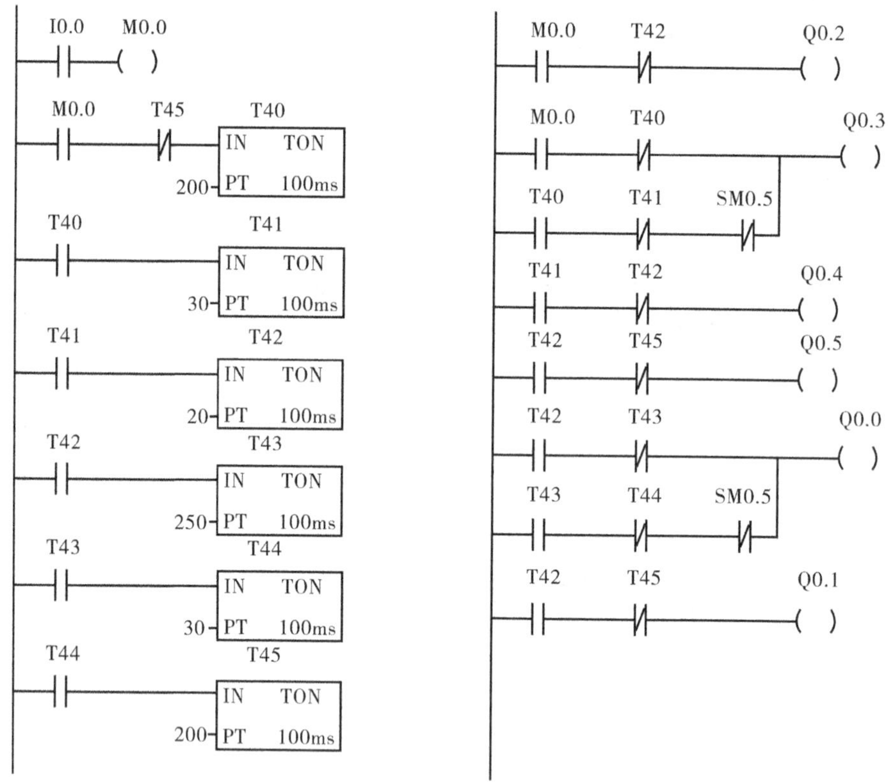

图 2-19　十字路口交通信号灯 PLC 控制程序

例 3　两台电动机顺序启动的 PLC 控制。

在实际工作中，常常需要两台或多台电动机顺序启动，按下启动按钮 SB1 后，第一台电动机 M1 启动 5s 后，第二台电动机 M2 启动，完成相关工作后按下停止按钮 SB2，两台电动机同时停止。本任务主要研究用 PLC 实现两台电动机的顺序启动控制。

（1）I/O 接口分配见表 2-6。

表 2-6　两台电动机顺序启动 PLC 控制的 I/O 接口分配

输入分配		输出分配	
输入元件	PLC 编程与元件	输出元件	PLC 编程与元件
M1 启动按钮 SB1	I0. 0	接触器 KM1 线圈	Q0. 0
停止按钮 SB2	I0. 1	接触器 KM2 线圈	Q0. 1
M1 过载保护 FR1	I0. 2		
M2 过载保护 FR2	I0. 3		

（2）PLC 控制硬件接线图如图 2-20 所示。

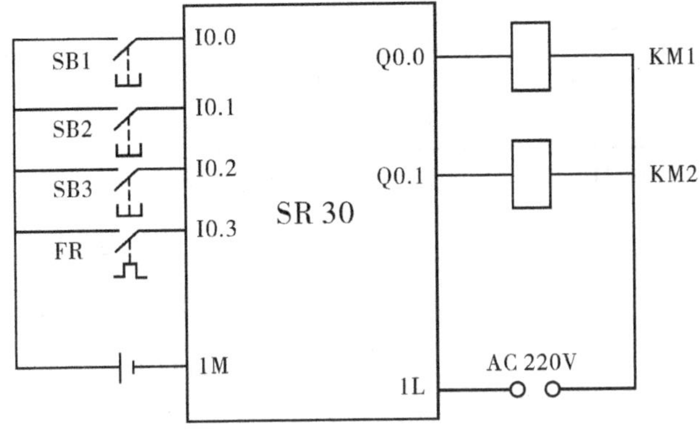

图 2-20　PLC 控制硬件接线图

（3）系统 PLC 控制程序如图 2-21 所示。

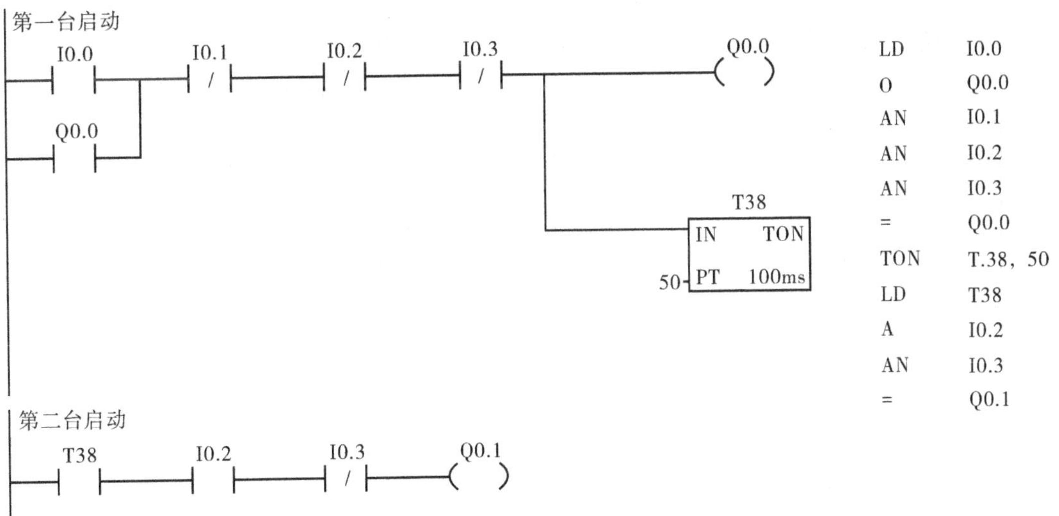

图 2-21　系统 PLC 控制程序

二、置位/复位指令及其应用

1. 置位/复位指令的作用及指令格式

S（SET）为置位指令，使动作保持。

R（RST）为复位指令，使动作复位，清零。

存储器位的置 1 和置 0 操作可以用普通线圈的通、断电来描述，而置位/复位指令则是将线圈设置成置位线圈和复位线圈两种形式。置位线圈受到脉冲前沿触发时，线圈通电锁存（存储器位置为 1），复位线圈受到脉冲前沿触发时，线圈断电锁存（存储器位置为 0）。在下次置位/复位操作信号到来前，线圈状态保持不变。置位/复位指令格式见表 2-7。

表 2-7　置位/复位指令格式

类型	梯形图（LAD）	语句表（STL）	功能
置位	S-bit --（S） *N*	S S-bit *N*	从起始位（S-bit）开始的 *N* 个元件置 1
复位	S-bit --（R） *N*	R S-bit *N*	从起始位（S-bit）开始的 *N* 个元件置 0

（1）置位/复位指令应用——复位优先，如图 2-22 所示。

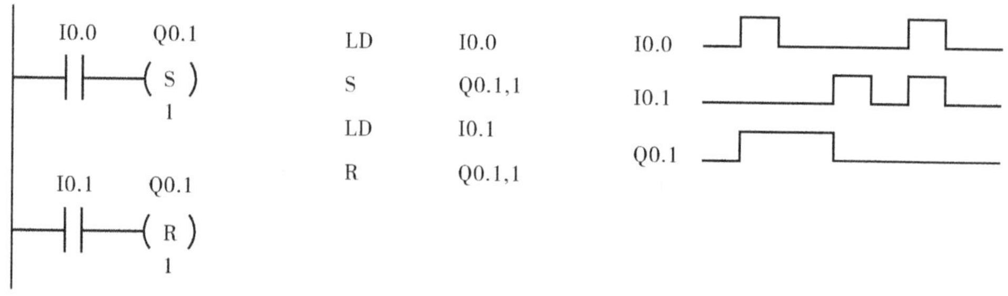

图 2-22　复位优先实例

（2）置位/复位指令应用——置位优先，如图 2-23 所示。

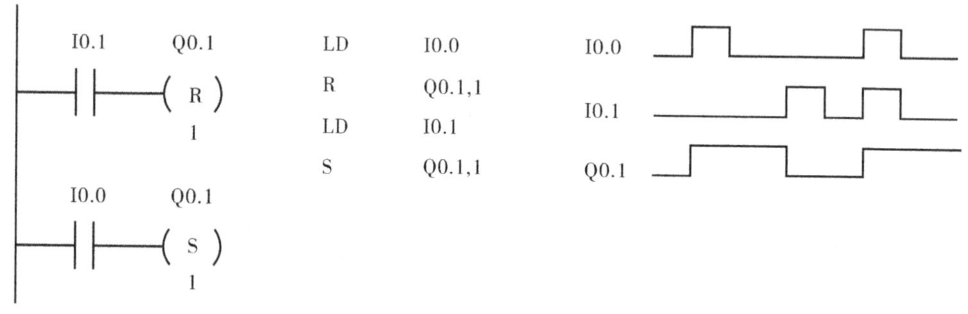

图 2-23　置位优先实例

使用置位和复位指令编程时，哪条指令在后，则该指令的优先级高。

2. SR 指令及 RS 指令

SR 指令也称置位/复位触发指令，如图 2-24 所示，它由置位/复位触发器助记符 SR、置位信号输入端 S1、复位信号输入端 R、输出端 OUT 和线圈的位地址（bit）构成。

RS 指令也称复位/置位触发指令，如图 2-24 所示，它由复位/置位触发器助记符 RS、置位信号输入端 S、复位信号输入端 R1、输出端 OUT 和线圈的位地址（bit）构成。

3. 置位/复位指令应用举例

例 1　用置位/复位指令编制电动机单向连续运行控制电路的 PLC 程序，要求：按下

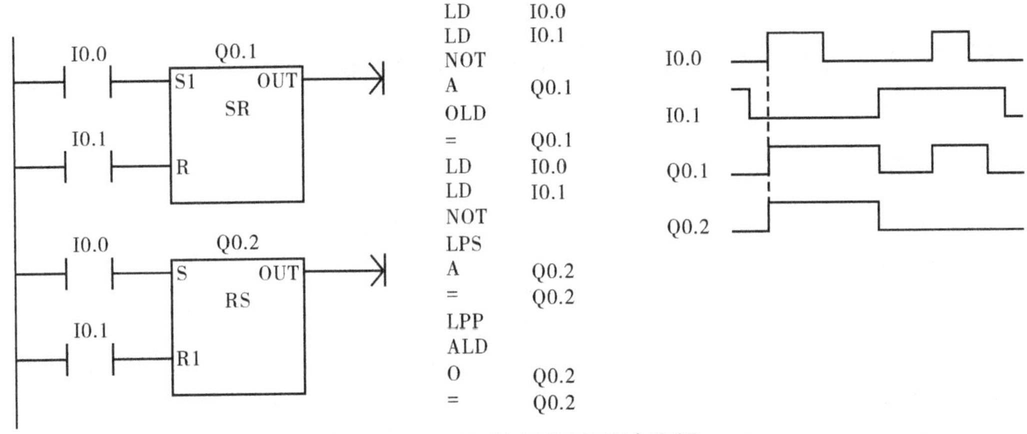

图 2-24　SR 指令及 RS 指令实例

启动按钮后，电动机连续运行；按下停止按钮后，电动机断电停止。

根据要求可编制 PLC 的控制程序，图 2-25 所示即为置位/复位指令控制电动机单向连续运行实例。

```
LD    I0.0
S     Q0.0, 1

LD    I0.1
R     Q0.0, 1
```

图 2-25　置位/复位指令控制电动机单向连续运行实例

例 2　用置位/复位指令编写点亮三盏灯的 PLC 程序。要求：按下启动按钮后，三盏灯同时点亮，经过 20s 后，其中两盏灯同时熄灭；按下停止按钮，第三盏灯熄灭。程序如图 2-26 所示。

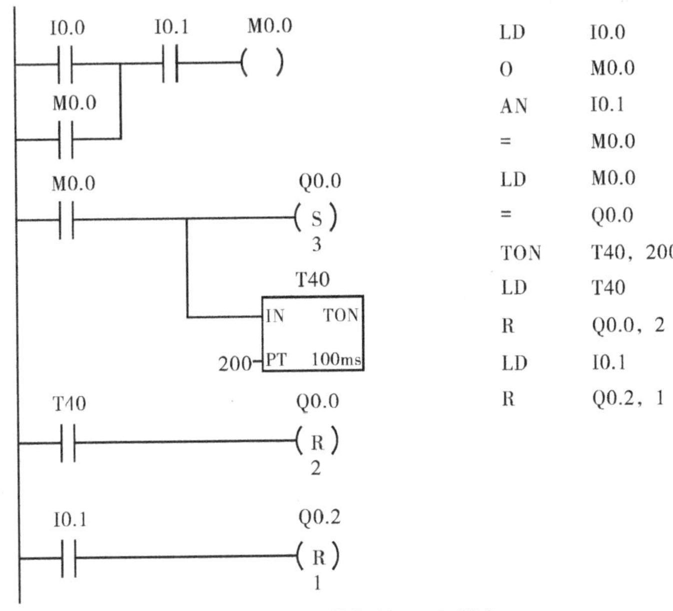

图 2-26　三盏灯的 PLC 程序

任务三　自动车库门系统的 PLC 控制

【任务描述】

随着经济的发展，小轿车进入了千家万户，不少家庭还有了自己的私人车库，为了便于出入，不少车库采用了自动车库门控制，要求有车辆需要进入时，经过入门传感器，入门传感器开关闭合，车库门上升，当车库门上升到上限位开关处时，电动机停转；车辆进库经过出门传感器时，出门传感器开关闭合，车库门下降，当车库门下降到下限位开关处时，电动机停转。

当车辆出库经过出门传感器时，出门传感器开关闭合，车库门上升，当门上升到上限位开关处时，电动机停转；车辆出库经过入门传感器时，入门传感器开关闭合，车库门下降，当门下降到下限位开关处时，电动机停转。

一、计数器

1. 计数器的定义与分类

计数器是用以记录脉冲信号个数的内部器件，利用输入脉冲上升沿累计脉冲个数。计数器的输入信号从断开到接通每变化一次，计数器就计数一次。CPU 提供了三种类型的计数器，分别为加计数器（CTU）、减计数器（CTD）和加/减计数器（CTUD）。

2. 计数器指令格式及工作原理

计数器的指令格式见表 2-8。计数器的编号范围为 C0～C255；CU 为增 1 计数脉冲输入端；CD 为减 1 计数脉冲输入端；R 为复位脉冲输入端；LD 为减计数器的复位脉冲输入端；PV 为设定值输入端，数据类型为 INT（整数），设定值最大为 32767。

表 2-8　计数器的指令格式

格式	定时器名称		
	加计数器	减计数器	加/减计数器
LAD/FBD	C××× CU　CTU R PV	C××× CD　CTD LD PV	C××× CU　CTUD CD R PV
STL	CTU C×××，PV	CTD C×××，PV	CTUD C×××，PV

下面从原理、应用等方面，分别阐述加计数器、减计数器、加/减计数器 3 种类型计数器的应用。

（1）加计数器（CTU）。加计数器在每一个 CU 输入端的状态从 OFF 到 ON 时，对计数器的当前值增 1 计数。直至累计到最大值。当前计数值大于或等于设定值时，该计数器被置位，输出状态位置 1；当复位输入端 R 接通时，计数器复位，当前值清零，输出状态位置 0。加计数器的应用如图 2-27 所示。

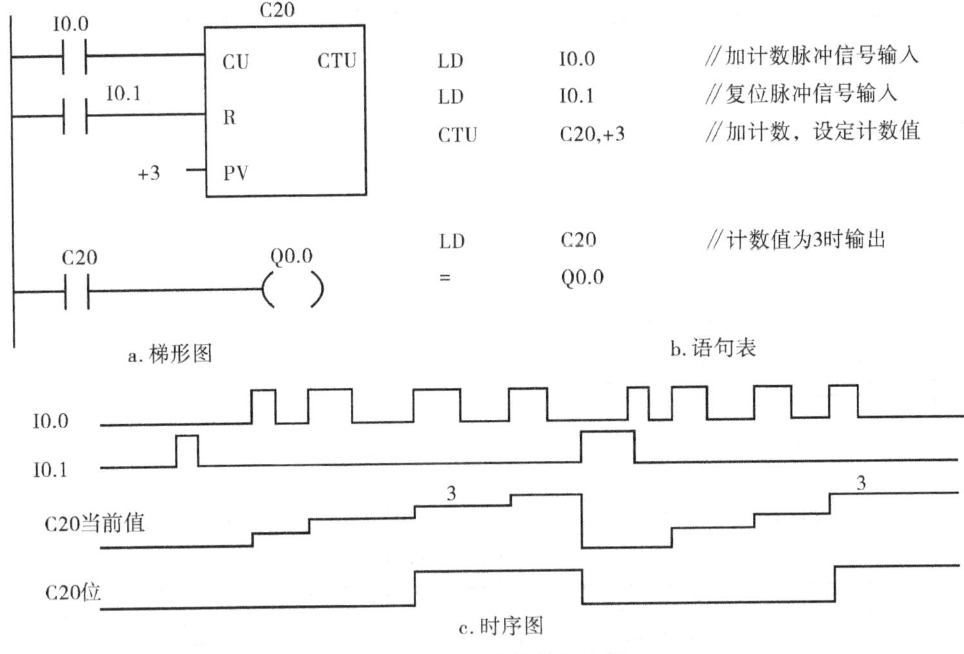

图 2-27 加计数器的应用

（2）减计数器（CTD）。减计数器在每一个 CD 输入端的状态从 OFF 到 ON 时，从设定值开始递减计数。当前值等于 0 时，该计数器状态位就会置位，停止计数。当复位输入 LD 接通时，计数器把设定值装入当前值存储器，计数器状态位复位（当前值复位为设定值）。减计数器的应用如图 2-28 所示。

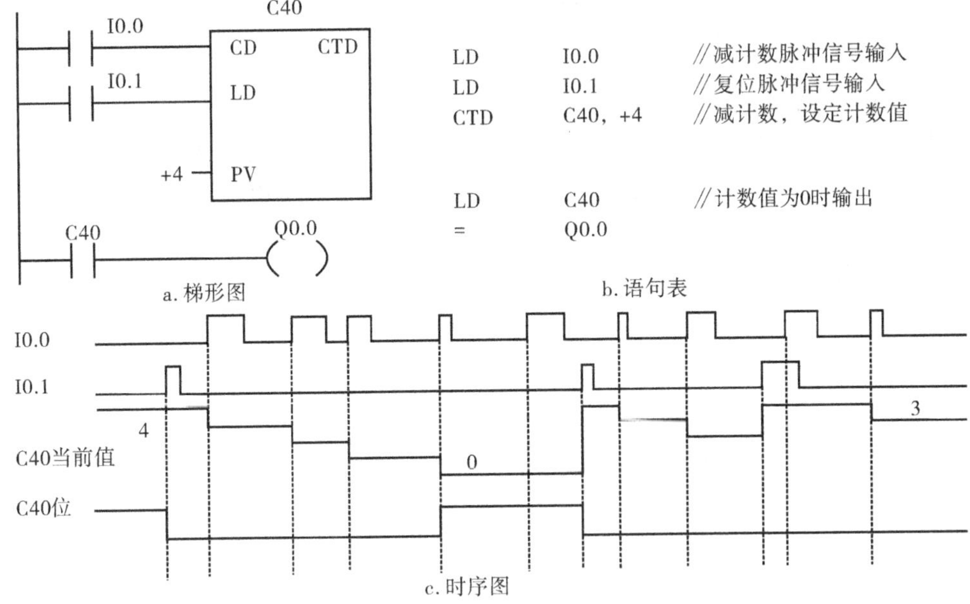

图 2-28 减计数器的应用

（3）加/减计数器（CTUD）。加/减计数器在每一个 CU 输入端的上升沿递增计数，在每一个 CD 输入端的上升沿递减计数。当前值大于或等于设定值时，该计数器状态位置位。当复位输入端 R 接通时，计数器状态位复位，当前值清零。加/减计数器的应用如图 2-29 所示。

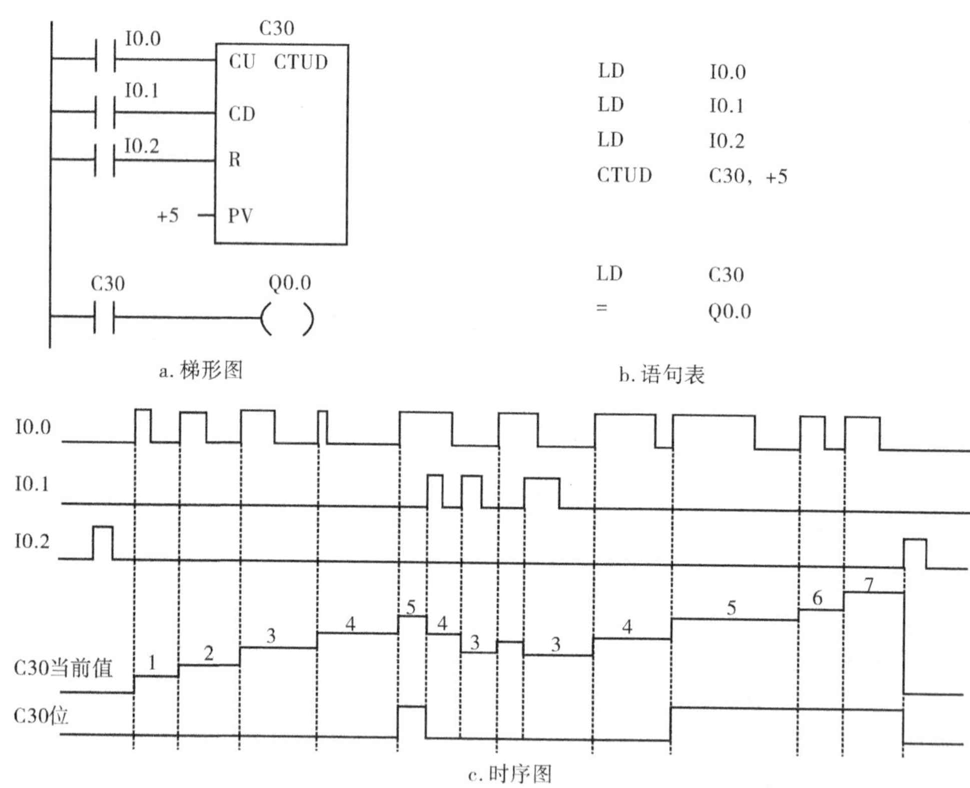

图 2-29 加/减计数器的应用

3. 计数器应用举例

例 1 艾条包装机的 PLC 控制程序。

控制要求：在艾条自动化生产线的现场，要对 10 小包艾条进行装箱，用光电传感器检测通过生产线上的产品的个数，每当有 10 小包艾条通过后，PLC 便产生一个输出信号，接通电磁阀 10s，进行装箱操作。

（1）I/O 接口的分配见表 2-9。

表 2-9 艾条包装机的 I/O 接口分配

输入部分			输出部分		
输入元件	PLC 编程元件	作用	输出元件	PLC 编程元件	作用
SQ	I0. 0	光电传感器	YV	Q0. 0	电磁阀

（2）PLC 外部硬件接线图如图 2-30 所示。

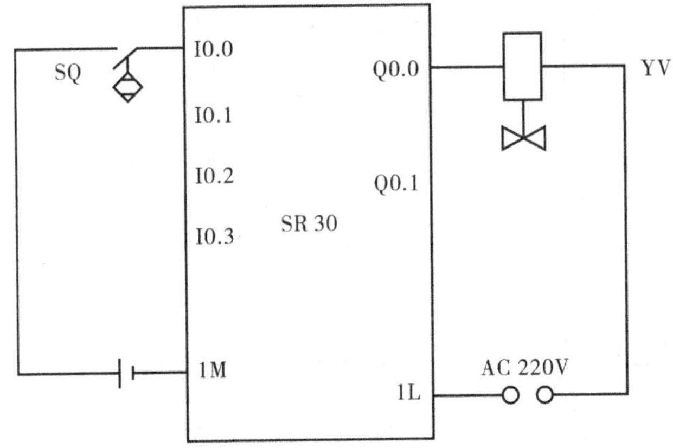

图 2-30　PLC 外部硬件接线图

（3）编制 PLC 梯形图、语句表控制程序，如图 2-31 所示。

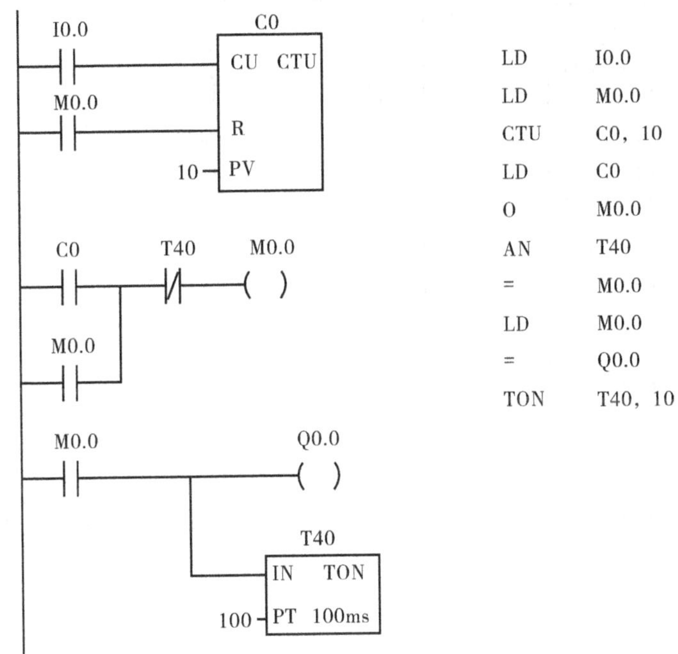

图 2-31　包装机计数的 PLC 梯形图、语句表控制程序

例 2　用减计数器指令编制控制 6 个圆盘指示灯 L1～L6 亮灭的 PLC 程序。要求：每按一次按钮，点亮一个指示灯并保持，按下 6 次，6 个灯逐个点亮，当灯全亮后同时熄灭，如图 2-32 所示。

系统 PLC 梯形图和语句表控制程序，如图 2-33 所示。

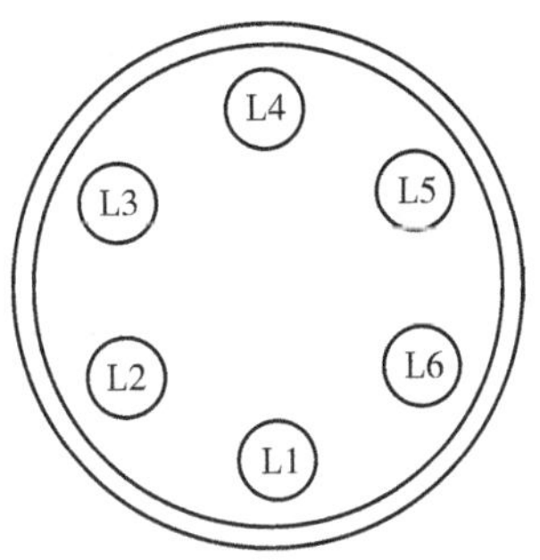

图 2-32　彩灯示意图

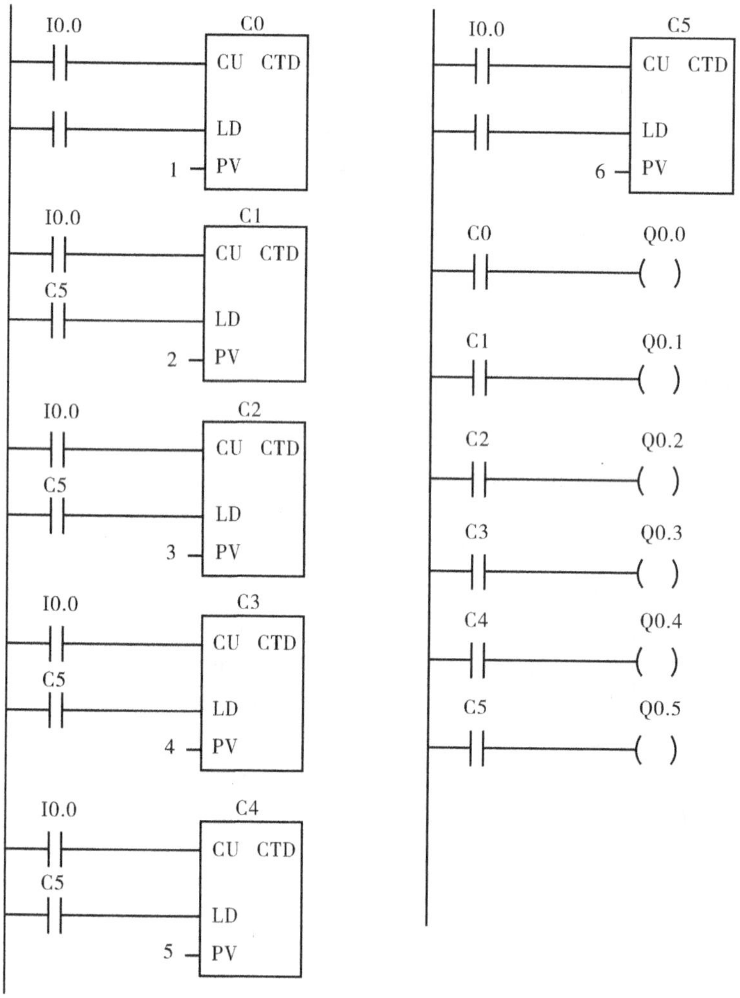

```
LD      I0.0
LD      C5
CTD     C0, 1
LD      I0.0
LD      C5
CTD     C1, 2
LD      I0.0
LD      C5
CTD     C2, 3
LD      I0.0
LD      C5
CTD     C3, 4
LD      I0.0
LD      C5
CTD     C4, 5
LD      I0.0
LD      C5
CTD     C5, 6
LD      C0
=       Q0.0
LD      C1
=       Q0.1
LD      C2
=       Q0.2
LD      C3
=       Q0.3
LD      C4
=       Q0.4
LD      C5
=       Q0.5
```

图 2-33　指示灯亮灭的 PLC 梯形图和语句表控制程序

例 3　长时间延时电路，用定时器和计数器设计一个 1 000s 的延时电路，其 PLC 程序如图 2-34 所示。

```
LD      I0.0
AN      I0.1
AN      T40
TON     T40, 200
LD      T40
LD      I0.1
CTU     C0, 50
LD      C0
=       Q0.3
```

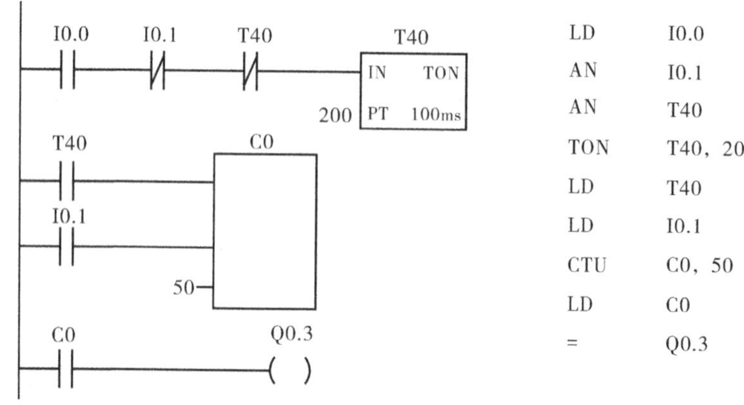

图 2-34　延时电路的 PLC 程序

例 4 用 PLC 控制电动机的 Y−△降压启动。

（1）I/O 接口的分配，见表 2−10。

表 2−10 电动机 PLC 控制的 I/O 接口分配

输入部分			输出部分		
输入元件	PLC 编程元件	作用	输出元件	PLC 编程元件	作用
SB1	I0. 0	停止按钮	KM1 线圈	Q0. 0	主接触器启动
SB2	I0. 1	启动按钮	KM2 线圈	Q0. 1	星形启动
FR	I0. 2	热过载	KM3 线圈	Q0. 2	三角形启动

（2）PLC 外部硬件连接方式，如图 2−35 所示。

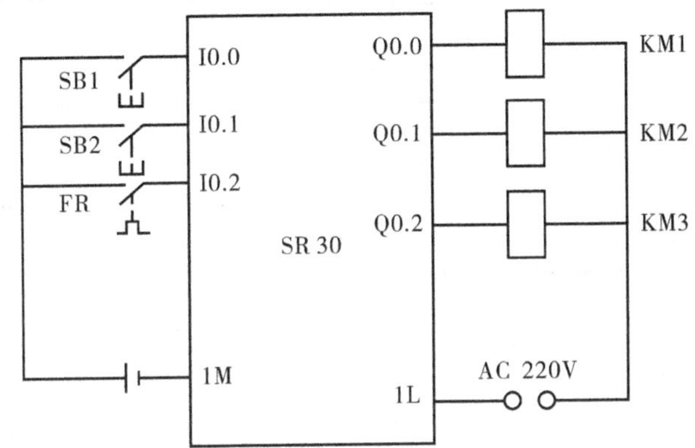

图 2−35 Y−△降压启动 PLC 外部硬件连接方式

（3）PLC 梯形图、语句表程序如图 2−36 所示。

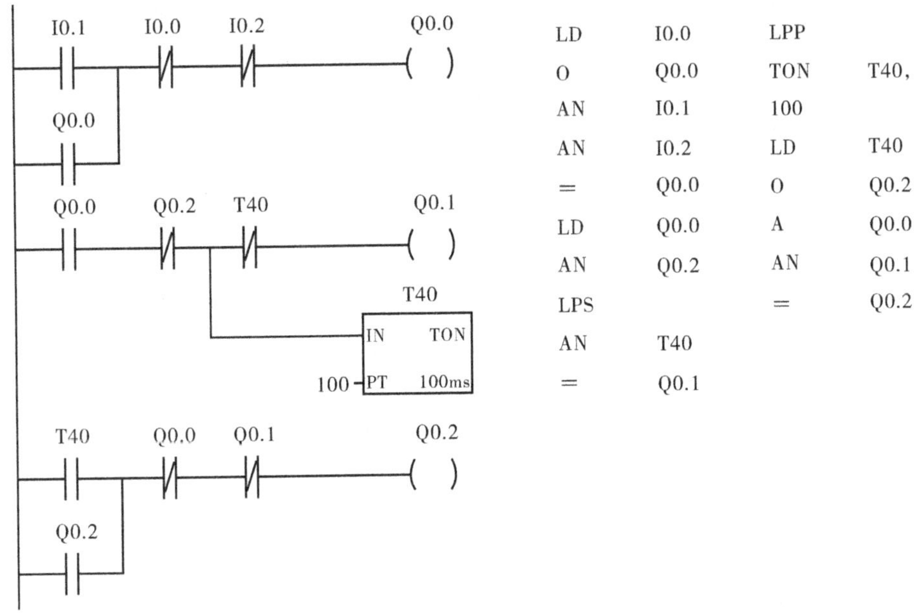

图 2−36 Y−△降压启动 PLC 梯形图、语句表程序

二、边沿触发指令及其格式

1. 上升沿指令

EU（Edge Up）指令是正跳变触点指令（又称上升沿检测器，或称为正跳变指令），由常开触点加上升沿检测指令助记符 P 构成，见表 2-11。

2. 下降沿指令

ED（Edge Down）指令是负跳变触点指令（又称为下降沿检测器，或称为负跳变指令），由常开触点加下降沿检测指令助记符 N 构成，见表 2-11。

表 2-11　边沿触发指令格式

类型	正跳变	负跳变
梯形图（LAD）	─┤P├─	─┤N├─
语句表（STL）	EU	ED

边沿触发指令的应用如图 2-37 所示。

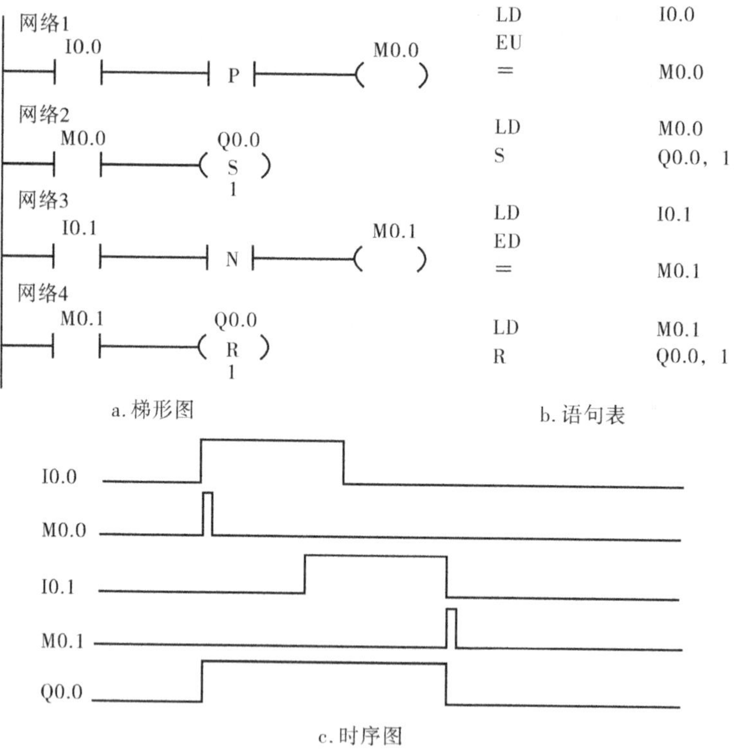

图 2-37　边沿触发指令的应用

3. 边沿触发指令的应用实例

例 1　要求有车辆需要进入时，经过入门传感器，入门传感器开关闭合，车库门上升，当车库门上升到上限位开关处时，电动机停转；车辆进库经过出门传感器时，出门传感器开关闭合，车库门下降，当车库门下降到下限位开关处时，电动机停转。

当车辆出库经过出门传感器时，出门传感器开关闭合，车库门上升，当门上升到上限位开关处时，电动机停转；车辆出库经过入门传感器时，入门传感器开关闭合，车库门下降，当门下降到下限位开关处时，电动机停转。

（1）I/O 接口地址分配见表 2-12。

表 2-12　I/O 接口地址分配

输入部分		输出部分	
输入元件	PLC 编程元件	输出元件	PLC 编程元件
入门传感器 SQ1	I0. 0	车库门上升 KM1 线圈	Q0. 0
出门传感器 SQ2	I0. 1	车库门下降 KM2 线圈	Q0. 1
下限位开关 SQ3	I0. 2		
上限位开关 SQ4	I0. 3		

（2）PLC 外部硬件接线方式如图 2-38 所示。

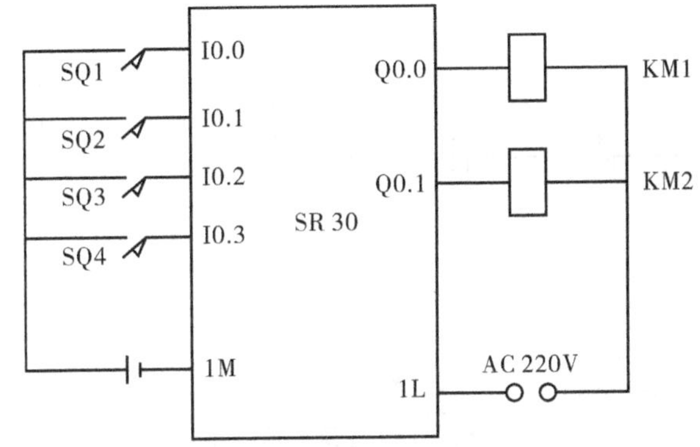

图 2-38　车库系统 PLC 外部硬件接线方式

（3）PLC 控制程序如图 2-39 所示。

例 2　液体混合装置的 PLC 控制。

控制要求：

（1）如图 2-40 所示，本装置为三种液体混合模拟装置，由液面传感器 SQ1、SQ2、SQ3，液体 A、B、C 阀门与混合液阀门由电磁阀 YV1、YV2、YV3、YV4，搅匀电动机 M，加热器 H，温度传感器 T 组成。实现三种液体的混合、搅匀、加热等功能。

（2）按下启动按钮，装置投入运行时。首先液体 A、B、C 阀门关闭，混合液阀门打开 10s 将容器放空后关闭。然后液体 A 阀门打开，液体 A 流入容器。当液面到达 SQ3 时，SQ3 接通，关闭液体 A 阀门，打开液体 B 阀门。液面到达 SQ2 时，关闭液体 B 阀门，打开液体 C 阀门。液面到达 SQ1 时，关闭液体 C 阀门。

（3）搅匀电动机开始搅匀、加热器开始加热。当混合液体在 6s 内达到设定温度，加热器停止加热，搅匀电动机工作 6s 后停止搅动；当混合液体加热 6s 后还没有达到设定温度，加热器继续加热，当混合液达到设定的温度时，加热器停止加热，搅匀电动机停止工作。

（4）搅匀结束以后，混合液体阀门打开，开始放出混合液体。当液面下降到 SQ3 时，SQ3 由接通变为断开，再过 2s 后，容器放空，混合液阀门关闭，开始下一周期。

（5）按下停止按钮，在当前的混合液处理完毕后，停止操作。

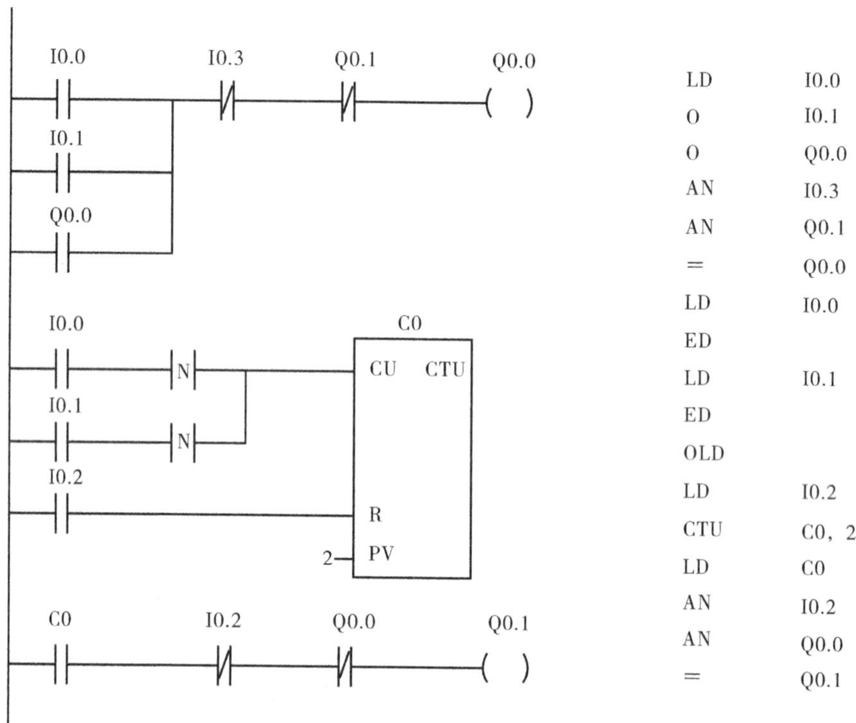

图 2-39　车库系统 PLC 控制程序

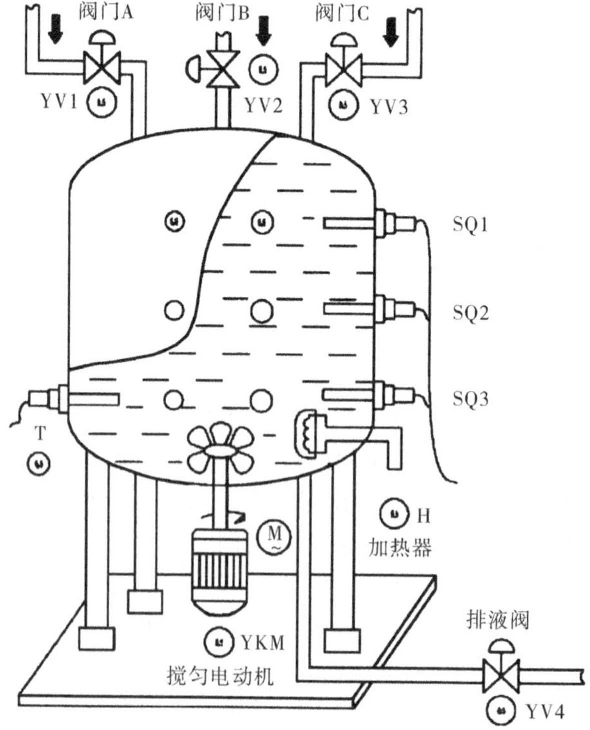

图 2-40　三种液体混合模拟装置

（6）I/O 接口的分配见表 2-13。

表 2-13　液体混合装置 I/O 接口分配

输入部分			输出部分		
输入元件	PLC 编程元件	作用	输出元件	PLC 编程元件	作用
SB1	I0. 0	启动按钮	YV1 线圈	Q0. 0	液阀门 A
SB2	I0. 1	停止按钮	YV2 线圈	Q0. 1	液阀门 B
SQ1	I0. 2	液位传感器 SQ1	YV3 线圈	Q0. 2	液阀门 C
SQ2	I0. 3	液位传感器 SQ2	YV4 线圈	Q0. 3	排液阀门
SQ3	I0. 4	液位传感器 SQ3	KM1 线圈	Q0. 4	搅匀电动机 M 接触器
ST	I0. 5	温度传感器 ST	KM2 线圈	Q0. 5	加热器 H 的接触器

（7）PLC 外部硬件连接方式如图 2-41 所示。

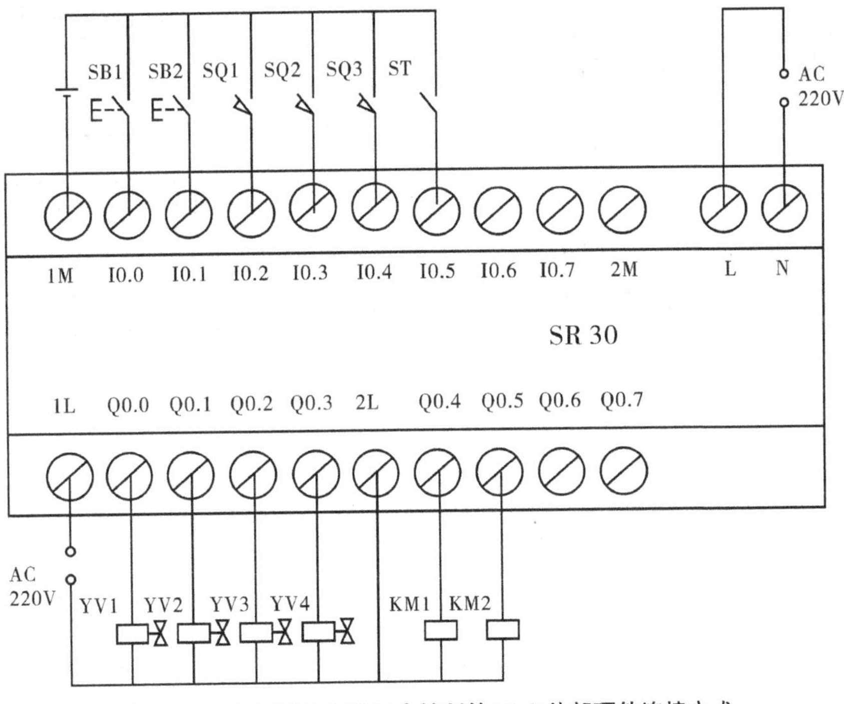

图 2-41　三种液体自动混合控制的 PLC 外部硬件连接方式

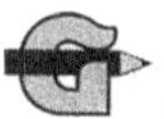

（8）PLC 控制程序如图 2-42 所示。

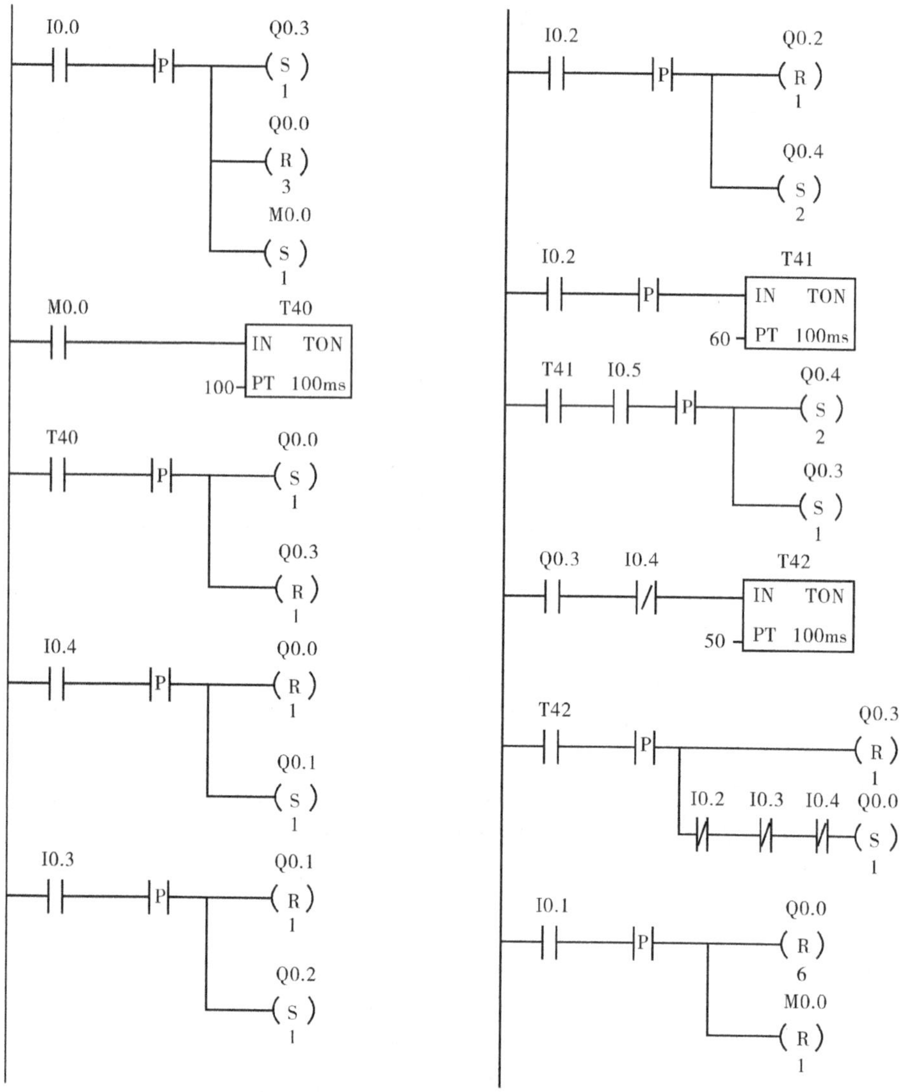

图 2-42　三种液体自动混合控制 PLC 控制程序

例 3　单按钮启停电路。

（1）利用基本指令，其程序如图 2-43 所示。

```
LD    M0.0
AN    Q0.0
S     Q0.0, 1
=     M0.1
LD    M0.0
A     Q0.0
AN    M0.1
R     Q0.0, 1
```

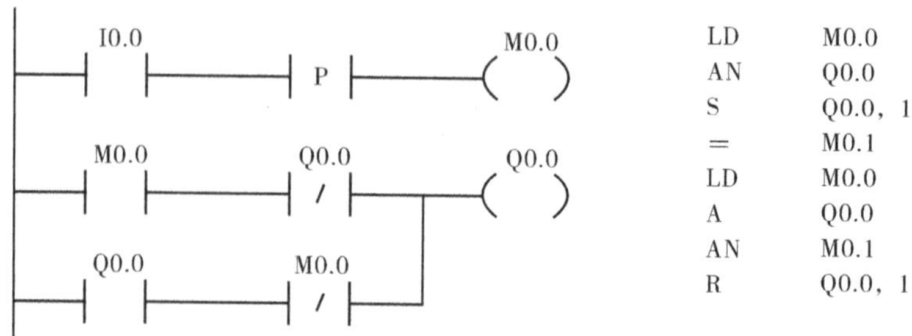

图 2-43　单按钮启停 PLC 控制程序 1

（2）利用置位/复位指令，其程序如图 2-44 所示。

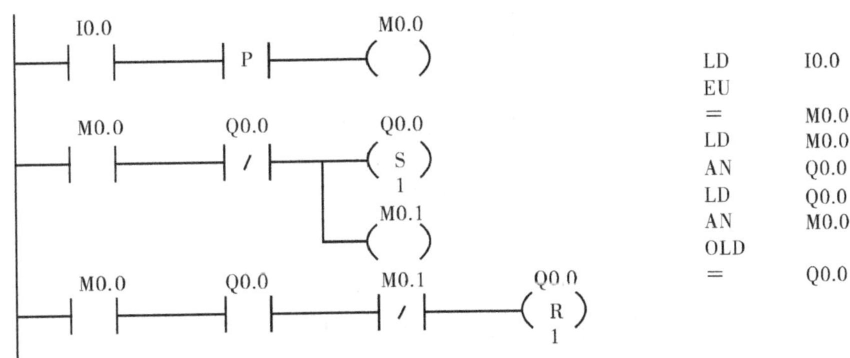

图 2-44　单按钮启停 PLC 控制程序 2

（3）利用置位优先指令，其程序如图 2-45 所示。

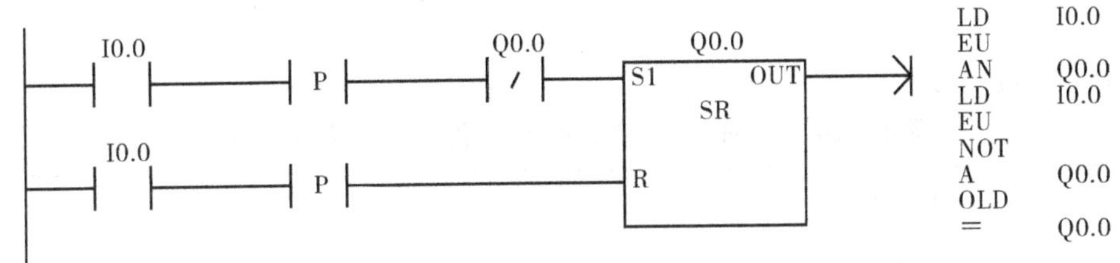

图 2-45　单按钮启停 PLC 控制程序 3

（4）利用复位优先指令，其程序如图 2-46 所示。

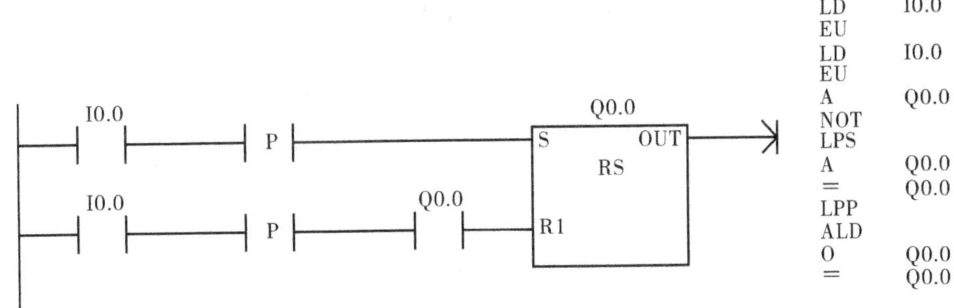

图 2-46　单按钮启停 PLC 控制程序 4

三、取反指令

NOT 指令为触点取反指令（输出反相），在梯形图中用来改变能流的状态。取反触点左端逻辑运算结果为 1 时（有能流），触点断开能流，反之能流可以通过。

例　钻孔动力钻头的 PLC 控制。

控制要求：如图 2-47 所示，钻头在原位时，限位开关 SQ1 受压。按下启动按钮 SB1，主轴电动机 M1 得电，带动钻头转动。同时进给电动机 M2 得电，钻头快进。当碰到限位开关 SQ2 时，进给电磁阀 YV 得电，转为工作进给。当碰到限位开关 SQ3 时，YV 失电，停止工进。5s 后，钻头快退，碰到 SQ1 时，主轴电动机和电磁阀均失电，停止工作。按下停止按钮 SB2，主轴电动机和电磁阀均失电。

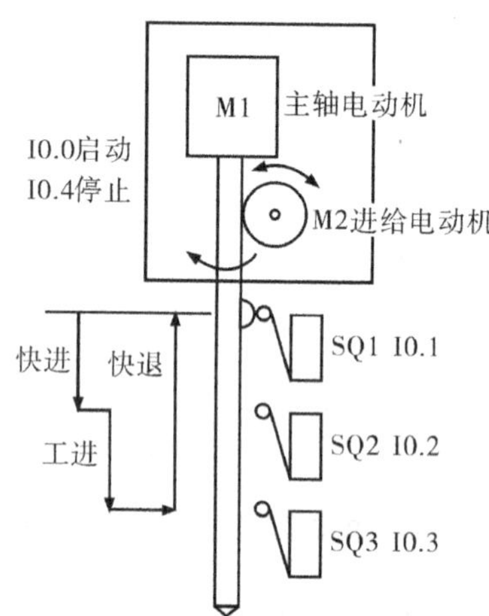

图 2-47　钻孔动力钻头控制结构示意图

（1）I/O 接口分配见表 2-14。

表 2-14　钻孔动力钻头控制装置的 I/O 接口分配

输入部分			输出部分		
输入元件	PLC 编程元件	作用	输出元件	PLC 编程元件	作用
SB1	I0. 0	启动按钮	KM1 线圈	Q0. 0	主轴电动机
SQ1	I0. 1	限位开关 1	KM2 线圈	Q0. 1	进给电动机前进
SQ2	I0. 2	限位开关 2	KM3 线圈	Q0. 2	进给电动机后退
SQ3	I0. 3	限位开关 3	YV 线圈	Q0. 3	钻头工进
SB2	I0. 4	停止按钮			

（2）系统硬件接线图如图 2-48 所示。

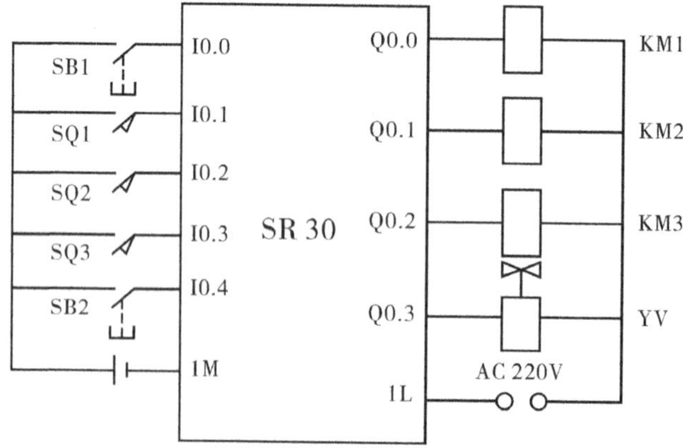

图 2-48　钻孔动力钻头硬件接线图

（3）系统的 PLC 控制程序如图 2-49 所示。

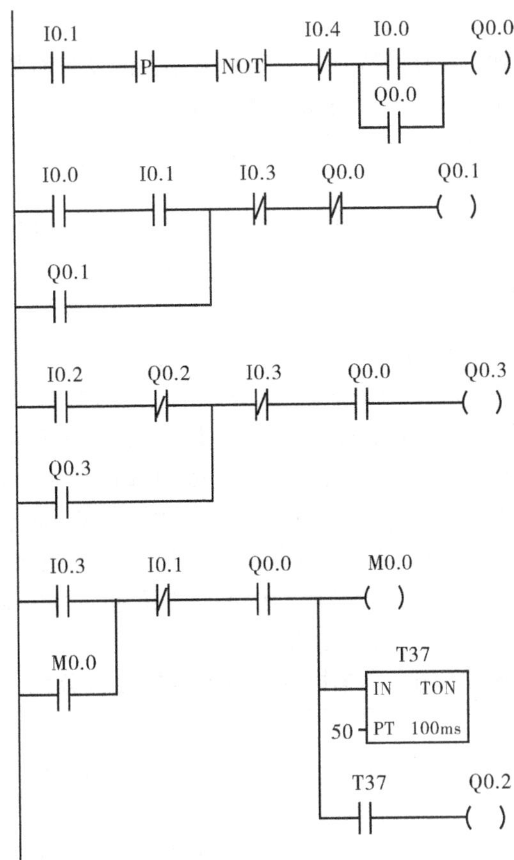

图 2-49　钻孔动力钻头的 PLC 控制程序

练习题二

1. 接通延时定时器 TON 的使能（IN）输入电路________时开始定时，当前值不小于预设值时其定时器位变为________，梯形图中常开触点________，常闭触点________。使能输入电路________时被复位，复位后梯形图中其常开触点________，常闭触点________，当前值等于________。

2. 保持型接通延时定时器 TONR 的使能输入电路________时开始定时，使能输入电路断开时，当前值________。使能输入电路再次接通时________。必须用________指令来复位 TONR。

3. 断开延时定时器 TOF 的使能输入电路接通时，定时器位立即变为________，当前值被________。

使能输入电路断开时，当前值从 0 开始________。当前值等于预设值时，定时器位变为________，梯形图中其常开触点________，常闭触点________，当前值________。

4. 若加计数器的计数输入电路 CU________、复位输入电路 R________，计数器的当前值加 1。当前值 SV 大于等于预设值 PV 时，梯形图中其常开触点________，常闭触点________。复位输入电路________时，计数器被复位，复位后梯形图中其常开触

点________，常闭触点________，当前值________。

5. 定时器有几种类型？各有何特点？

6. 计数器有几种类型？各有何特点？与计数器相关的变量有哪些？

7. 不同分辨率的定时器的当前值是如何刷新的？

8. 设计一个计数范围为 50 000 的计数器程序。

9. 用置位/复位指令设计一台电动机的启停控制程序。

10. 使用 CPU ST40 的 PLC 设计两地能控制同一台电动机的启动和停止。

11. 设计两台电动机的顺序启动和顺序停止控制程序，即按下启动按钮第一台电动机立即启动，10s 后第二台电动机方能启动。按下停止按钮后，第一台电动机立即停止运行，15s 后第二台电动机方能停止运行。

12. 设计送料小车自动往返循环的 PLC 控制程序，并安装接线及调试运行。小车的运动由电动机拖动，电动机正转，小车右行；电动机反转，小车左行。小车由从原位启动，接触器 KM1 通电，小车开始左行，到达终点时，碰到行程开关 SQ1，KM1 断电，小车停止，电磁阀 YV1 通电，开始装料。经过 3min 后，接触器 KM2 通电，小车开始右行返回，到达原位后，碰到行程开关 SQ2，KM2 断电，小车停止，电磁阀 YV2 通电，开始卸料；经过 2min 后又开始左行，进行下一个循环，按下停止按钮，小车停止运动。

（1）根据分析，列出 I/O 接口地址，见表 2-15。

表 2-15　小车控制装置的 I/O 接口分配

输入部分			输出部分		
输入元件	PLC 编程元件	作用	输出元件	PLC 编程元件	作用
SB1	I0. 0	左行按钮	KM1 线圈	Q0. 0	左行接触器
SB2	I0. 1	右行按钮	KM2 线圈	Q0. 1	右行接触器
SB3	I0. 2	停止按钮	YV1 线圈	Q0. 2	装料电磁阀
SQ1	I0. 3	左限位行程开关	YV2 线圈	Q0. 3	卸料电磁阀
SQ2	I0. 4	右限位行程开关			

（2）连接 PLC 外部硬件（补全硬件接线图），如图 2-50 所示。

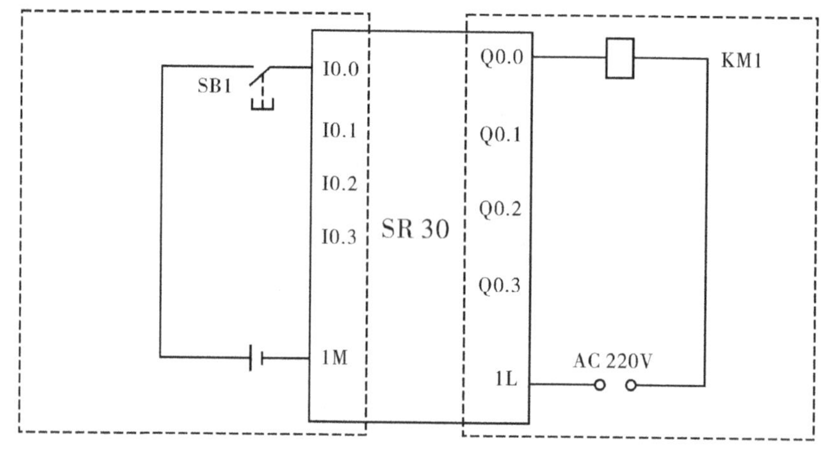

图 2-50　小车自动往返循环硬件接线图

（3）编制 PLC 梯形图程序。

（4）根据任务要求，进行 PLC 控制送料小车自动往返循环的调试运行。

学习情境三　PLC 功能性指令应用

任务分解

任务一　传送带的 PLC 控制
任务二　机械手的 PLC 控制
任务三　彩灯循环的 PLC 控制程序

学习目标

📖知识目标

掌握 PLC 功能性指令的编程语言、编程软件的使用方法等。

📖技能目标

掌握 PLC 的结构及硬件连线。
熟练应用编程软件。

📖职业素养目标

养成严谨认真的工作态度，培养环保意识、节约意识、团队协作意识。

任务一　传送带的 PLC 控制

【任务描述】

在 YL235 设备上，经常会遇到这样的控制要求：当光电传感器检测到传送带上有零件时，电动机带动传送带正转。用电感传感器和光纤传感器检测不同零件，当已经检测到 3 个白色零件时，传送带停止，电磁阀 YV1 通电，进行包装，包装时间为 20s。若检测到黑色零件，则作为次品用气缸推入出料槽。在工作期间，当次品达 2 个或 2 个以上时，进行报警。传送带控制系统结构如图 3-1 所示。

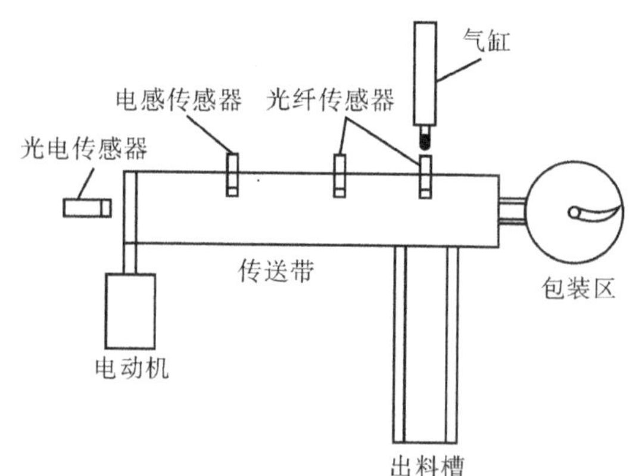

图 3-1　传送带控制系统结构

一、传送指令

1. 单个数据传送指令

单个数据传送指令的传送指令符号为 MOV，传送的数据类型有字节（MOVB）、字（MOVW）、双字（MOVDW）和实数（MOVR）等。当使能端 EN 有效时，在不改变原值的情况下把输入端（IN）的数据传送到输出端（OUT）。其指令格式见表 3-1，字节、字、双字和实数传送指令允许使用的操作数及数据类型见表 3-2。

表 3-1　单个数据传送指令的格式

梯形图	语句表	指令名称
MOV_B EN　ENO IN　OUT	MOVB　IN，OUT	字节传送
MOV_W EN　ENO IN　OUT	MOVW　IN，OUT	字传送
MOV_DW EN　ENO IN　OUT	MOVDW　IN，OUT	双字传送
MOV_R EN　ENO IN　OUT	MOVR　IN，OUT	实数传送

表 3-2　字节、字、双字和实数传送指令允许使用的操作数及数据类型

类型	操作数	范围
字节（B）	输入 IN	VB、IB、QB、MB、SB、SMB、LB、AC、＊VD、＊LD、＊AC、常数
	输出 OUT	VB、IB、QB、MB、SB、SMB、LB、AC、＊VD、＊LD、＊AC
字（W）	输出 IN	VW、IW、QW、MW、SW、SMW、LW、T、C、AIW、AC、＊VD、＊LD、＊AC、常数
	输出 OUT	VW、IW、QW、MW、SW、SMW、LW、T、C、AQW、AC、＊VD、＊LD、＊AC

续表

类型	操作数	范围
双字（DW）	输入 IN	VD、ID、QD、MD、SMD、LD、AC、SD、HC、&VD、&ID、&QD、&MD、&SMD、&LD、&AC、&SD、&HC、&AIW、&AQW、&C、＊VD、＊LD、＊AC、常数
	输出 OUT	VD、ID、QD、MD、SMD、LD、AC、SD、＊VD、＊LD、＊AC
实数（R）	输入 IN	VD、ID、QD、MD、SMD、LD、AC、SD、＊VD、＊LD、＊AC、常数
	输出 OUT	VD、ID、QD、MD、SMD、LD、AC、SD、＊VD、＊LD、＊AC

（1）位传送指令的应用如图 3-2 所示，当 I0.0 触点闭合时，将 IB0（I0.0~I0.7）单元中的数据传送到 QB0（Q0.0~Q0.7）中。

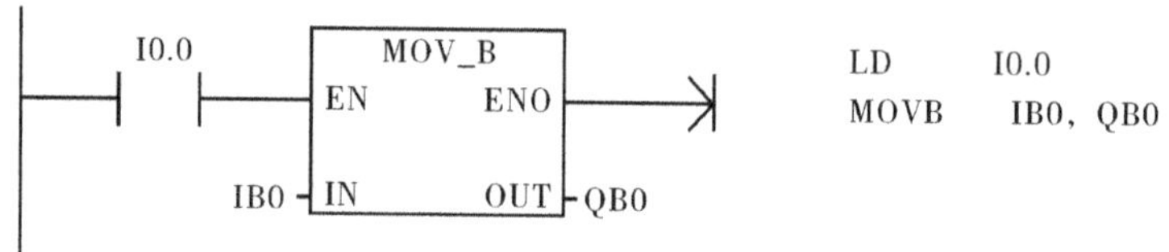

图 3-2　位传送指令的应用

（2）字节传送指令的应用如图 3-3 所示，如要求把 VB10 中的一个字节数据传送到 VB30 中，则编制图 3-3 所示梯形图和语句表即可。

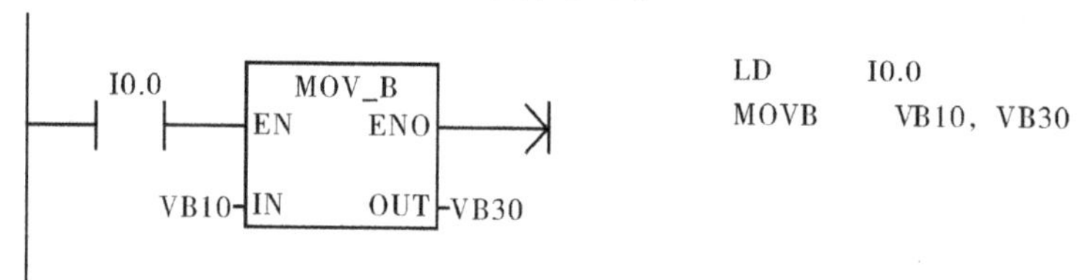

图 3-3　字节传送指令的应用

（3）双字传送指令的应用如图 3-4 所示，要求按下启动按钮后，中间继电器 M0~M3 清零。根据要求可用数据传送指令，把数据 0 送入 M0 开始的 4 个字节 M0~M3 中，即双字 MD0。

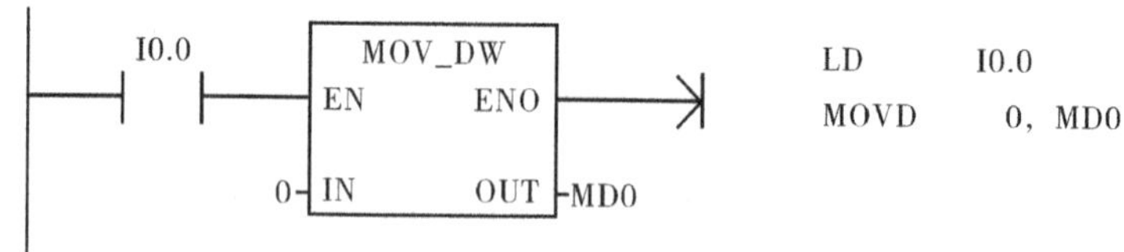

图 3-4　双字传送指令的应用

2. 数据块传送指令

数据块传送指令一次可完成 N 个数据的成组传送，字节块（BMB）、字块（BMW）、双字块（BMD）的传送指令传送指定数量的数据到一个新的存储区。当使能端 EN 有效时，即把从输入端起始地址 IN 开始的 N 个数据，传送到以输出端 OUT 开始的 N 个字节、字或双字中，N 的范围为 1~255。指令格式见表 3-3。

表 3-3　数据块传送指令的格式

梯形图	语句表	指令名称
BLKMOV_B EN ENO IN OUT N	BMB　IN，OUT，N	字节块的传送
BLKMOV_W EN ENO IN OUT N	BMW　IN，OUT，N	字块的传送
BLKMOV_DW EN ENO IN OUT N	BMDW　IN，OUT，N	双字块的传送

数据块传送指令的应用如图 3-5 所示，要求把字“VW140”开始的 4 个连续字中的数据，传送到字“VW240”开始的 4 个连续字存储单元中。

按要求编制其梯形图和语句表，如图 3-5 所示。

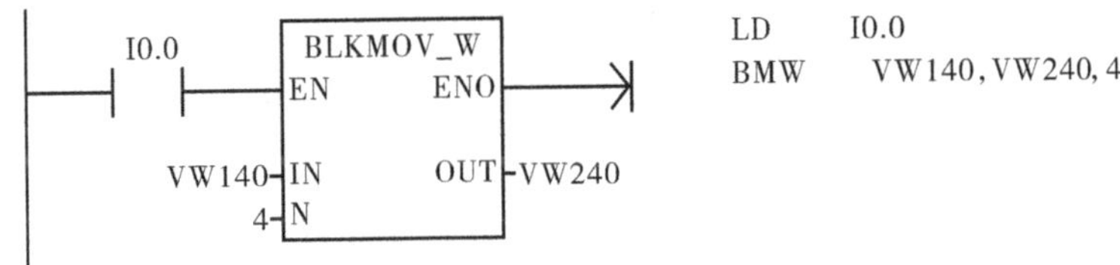

图 3-5　数据块传送指令的应用

3. 数据传送指令的操作数范围

数据块传送指令，其操作数都有一定的范围，见表 3-4。

表 3-4　数据传送指令的操作数范围

类型	操作数	范围
字节（B）	输入 IN	VB、IB、QB、MB、SB、SMB、LB、AC、＊VD、＊LD、＊AC、常数
	输出 OUT	VB、IB、QB、MB、SB、SMB、LB、AC、＊VD、＊LD、＊AC
字（W）	输入 IN	VW、IW、QW、MW、SW、SMW、LW、T、C、AIW、AC、＊VD、＊LD、＊AC、常数
	输出 OUT	VW、IW、QW、MW、SW、SMW、LW、T、C、AQW、AC、＊VD、＊LD、＊AC

续表

类型	操作数	范围
双字（DW）	输入 IN	VD、ID、QD、MD、SMD、LD、AC、SD、HC、&VD、&ID、&QD、&MD、&SMD、&LD、&AC、&SD、&HC、&AIW、&AQW、&C、＊VD、＊LD、＊AC、常数
	输出 OUT	VD、ID、QD、MD、SMD、LD、AC、SD、＊VD、＊LD、＊AC
实数（R）	输入 IN	VD、ID、QD、MD、SMD、LD、AC、SD、＊VD、＊LD、＊AC、常数
	输出 OUT	VD、ID、QD、MD、SMD、LD、AC、SD、＊VD、＊LD、＊AC

4. 字节立即传送指令与字节交换指令

字节立即传送指令与字节交换指令见表3-5、表3-6。

表3-5　字节立即传送指令的格式

梯形图	语句表	指令名称
MOV_BIR（EN ENO；IN OUT）	BIR　IN，OUT	字节立即读指令
MOV_BIW（EN ENO；IN OUT）	BIW　IN，OUT	字节立即写指令
SW_AP（EN ENO；IN OUT）	SWAP　IN	字节交换指令

表3-6　字节立即传送指令与字节交换指令操作数的范围

类型	操作数	范围
字节立即读	输入 IN	IB、＊VD、＊LD、＊AC
	输出 OUT	VB、IB、QB、MB、SB、SMB、LB、AC、＊VD、＊LD、＊AC
字节立即写	输出 IN	VB、IB、QB、MB、SB、SMB、LB、AC、＊VD、＊LD、＊AC、常数
	输出 OUT	QB、＊VD、＊LD、＊AC
字节交换指令	输入 IN	VW、IW、QW、MW、SW、SMW、LW、T、C、AQW、AC、＊VD、＊LD、＊AC

例　用数据传送指令实现三台电动机的同时启动，同时停止。三台电动机分别由 Q0.0、Q0.1、Q0.2 驱动，I0.0 为启动信号，I0.1 为停止信号。梯形图及语句表如图 3-6 所示。

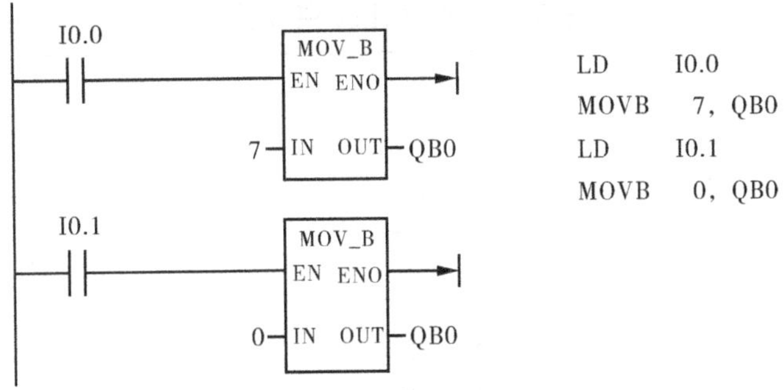

图 3-6　三台电动机的 PLC 控制梯形图及语句表

二、比较指令及其应用

比较指令含数值比较指令及字符串比较指令，数值比较指令比较的是两个值 IN1 和 IN2 的大小。比较指令在梯形图里表示为动合触点，在动合触点的中间注明比较参数和比较运算符。当比较结果为真时，该动合触点闭合。字节比较操作是无符号的，整数、双整数、实数比较是有符号的。

数值比较指令包含以下 6 种情况：等于“==”、大于等于“>=”、小于等于“<=”、大于“>”、小于“<”、不等于“<>”。

1. 字节比较指令

字节比较指令格式见表 3-7。

表 3-7　字节比较指令格式

梯形图	语句表	操作数（IN1/IN2）
IN1 ─┤==B├─ IN2	LDB==IN1，IN2 AB==IN1，IN2 OB==IN1，IN2	VB、IB、QB、MB、SB、SMB、LB、AC、＊VD、＊LD、＊AC、常数
IN1 ─┤>=B├─ IN2	LDB>=IN1，IN2 AB>=IN1，IN2 OB>=IN1，IN2	
IN1 ─┤<=B├─ IN2	LDB<=IN1，IN2 AB<=IN1，IN2 OB<=IN1，IN2	
IN1 ─┤>B├─ IN2	LDB>IN1，IN2 AB>IN1，IN2 OB>IN1，IN2	
IN1 ─┤<B├─ IN2	LDB<IN1，IN2 AB<IN1，IN2 OB<IN1，IN2	
IN1 ─┤<>B├─ IN2	LDB<>IN1，IN2 AB<>IN1，IN2 OB<>IN1，IN2	

2. 整数比较指令

整数比较指令格式见表 3-8。

表 3-8 整数比较指令格式

梯形图	语句表	操作数（IN1/IN2）
IN1 ==I IN2	LDW==IN1，IN2 AW==IN1，IN2 OW==IN1，IN2	VW、IW、QW、MW、SW、SMW、LW、T、C、AIW、AC、*VD、*LD、*AC、常数
IN1 >=I IN2	LDW>=IN1，IN2 AW>=IN1，IN2 OW>=IN1，IN2	
IN1 <=I IN2	LDW<=IN1，IN2 AW<=IN1，IN2 OW<=IN1，IN2	
IN1 >I IN2	LDW>IN1，IN2 AW>IN1，IN2 OW>IN1，IN2	
IN1 <I IN2	LDW<IN1，IN2 AW<IN1，IN2 OW<IN1，IN2	
IN1 <>I IN2	LDW<>IN1，IN2 AW<>IN1，IN2 OW<>IN1，IN2	

例 1 整数比较指令的应用如图 3-7 所示。比较两个存储单元 VW0、VW10 中的数据，当 VW0==VW10 时，线圈 Q0.0 有输出。

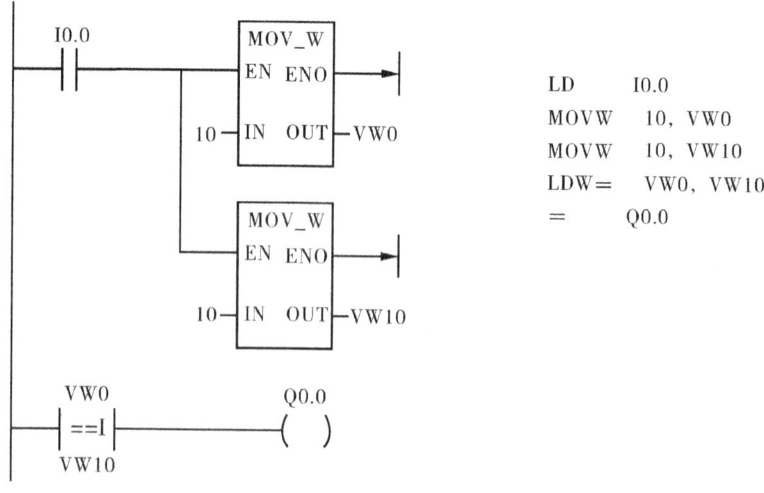

图 3-7 整数比较指令的应用

3. 双整数比较指令

双整数比较指令格式见表 3-9。

表 3-9 双整数比较指令格式

梯形图	语句表	操作数（IN1/IN2）
IN1 ==D IN2	LDD==IN1，IN2 AD==IN1，IN2 OD==IN1，IN2	VD、ID、QD、MD、SD、SMD、LD、AC、HC、＊VD、＊LD、＊AC、常数
IN1 >=D IN2	LDD>=IN1，IN2 AD>=IN1，IN2 OD>=IN1，IN2	
IN1 <=D IN2	LDD<=IN1，IN2 AD<=IN1，IN2 OD<=IN1，IN2	
IN1 >D IN2	LDD>IN1，IN2 AD>IN1，IN2 OD>IN1，IN2	
IN1 <D IN2	LDD<IN1，IN2 AD<IN1，IN2 OD<IN1，IN2	
IN1 <>D IN2	LDD<>IN1，IN2 AD<>IN1，IN2 OD<>IN1，IN2	

4. 实数比较指令

实数比较指令格式见表 3-10。

表 3-10 实数比较指令格式

梯形图	语句表	操作数（IN1/IN2）
IN1 ==R IN2	LDR==IN1，IN2 AR==IN1，IN2 OR==IN1，IN2	VD、ID、QD、MD、SD、SMD、LD、AC、＊VD、＊LD、＊AC、常数
IN1 >=R IN2	LDR>=IN1，IN2 AR>=IN1，IN2 OW>=IN1，IN2	
IN1 <=R IN2	LDR<=IN1，IN2 AR<=IN1，IN2 OR<=IN1，IN2	
IN1 >R IN2	LDR>IN1，IN2 AR>IN1，IN2 OR>IN1，IN2	

续表

梯形图	语句表	操作数（IN1/IN2）
IN1 ─┤<R├─ IN2	LDR<IN1，IN2 AR<IN1，IN2 OR<IN1，IN2	VD、ID、QD、MD、SD、SMD、LD、AC、＊VD、＊LD、＊AC、常数
IN1 ─┤<>R├─ IN2	LDR<>IN1，IN2 AR<>IN1，IN2 OR<>IN1，IN2	

5. 字符串比较指令

字符串比较指令格式见表 3-11。

表 3-11　字符串比较指令格式

梯形图	语句表	操作数（IN1/IN2）
IN1 ─┤= =S├─ IN2	LDS= =IN1，IN2 AS= =IN1，IN2 OS= =IN1，IN2	VB、LB、＊VD、＊LD、＊AC、常数
IN1 ─┤< >S├─ IN2	LDS<>IN1，IN2 AS<>IN1，IN2 OS<>IN1，IN2	

例 2　用比较指令编写三台电动机启动程序，要求 M1、M2、M3 顺序启动，逆序停止，时间间隔为 20s。

（1）I/O 接口分配见表 3-12。

表 3-12　电动机控制装置的 I/O 接口分配

输入部分			输出部分		
输入元件	PLC 编程元件	作用	输出元件	PLC 编程元件	作用
SB1	I0.0	启动按钮	KM1 线圈	Q0.0	M1 电动机
SB2	I0.1	停止按钮	KM2 线圈	Q0.1	M2 电动机
			KM3 线圈	Q0.2	M3 电动机

（2）系统梯形图及语句表，如图 3-8 所示。

例 3　有一个 PLC 控制的自动仓库，该自动仓库最多装货数量为 500，在装货数量达到 500 时入仓门自动关闭，在出货时货物数量为 0 时自动关闭出仓门，仓库采用一只指示灯来指示是否有货，灯亮表示有货。I0.0 用作入仓检测，I0.1 用作出仓检测，I0.2 用作计数清零，Q0.0 用作有货指示，Q0.1 用来关闭入仓门，Q0.2 用来关闭出仓门。

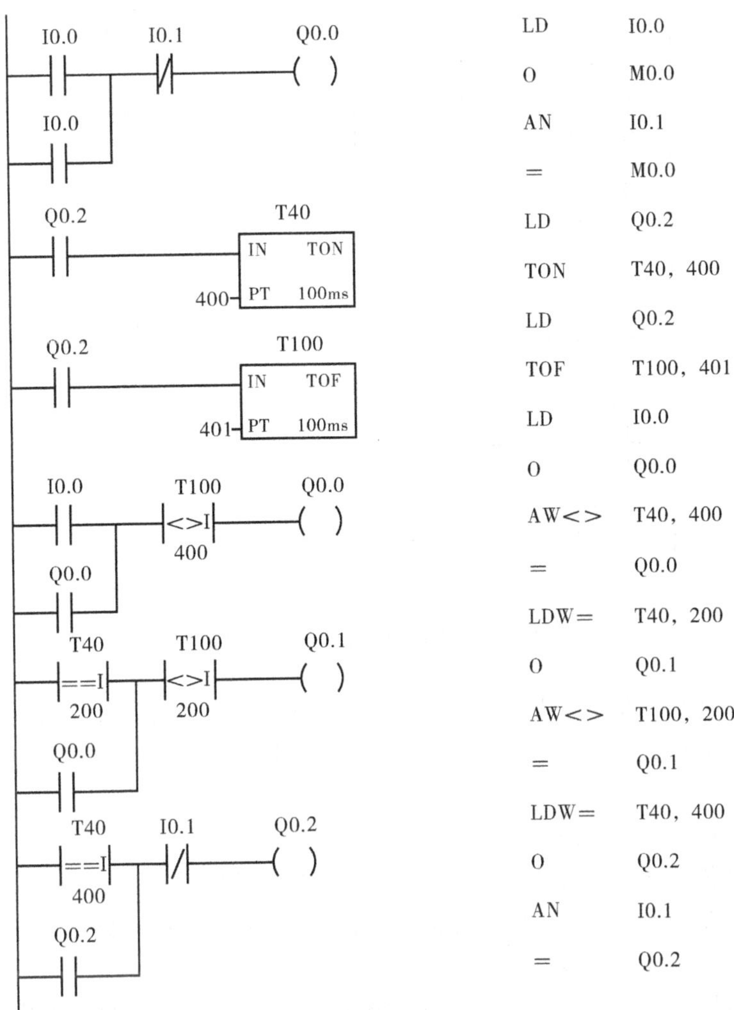

图 3-8　电动机顺序启动、逆序停止系统梯形图及语句表

（1）I/O 接口分配见表 3-13。

表 3-13　仓库控制装置的 I/O 接口分配

输入部分			输出部分		
输入元件	PLC 编程元件	作用	输出元件	PLC 编程元件	作用
SQ1	I0. 0	入仓检测	HL	Q0. 0	有货指示
SQ2	I0. 1	出仓检测	KM2 线圈	Q0. 1	关闭入仓门电动机
SB	I0. 2	清零按钮	KM3 线圈	Q0. 2	关闭出仓门电动机

（2）系统梯形图及语句表如图 3-9 所示。

例 4　系统分析：传送带上共有 3 种零件，即金属零件、白色塑料件和黑色塑料件，黑色件为次品。当光电传感器检测到传送带上有零件时，电动机带动传送带正转。用电感传感器和光纤传感器检测不同零件，当检测到 3 个金属零件和 3 个白色零件时，传送带停

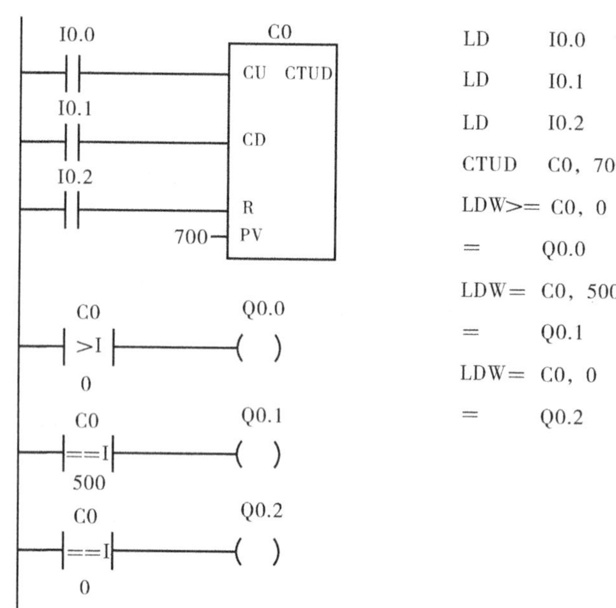

图 3-9 自动仓库控制系统梯形图及语句表

止，电磁阀 YV 通电，进行包装。若检测到黑色零件，则将黑色零件作为次品用气缸推入出料斜槽。当次品达 2 个或 2 个以上时，进行报警。按下报警复位按钮，可解除报警，重新开始分拣。

光电传感器可以检测任何材料的零件；电感传感器只能检测到金属零件，不能检测到塑料零件。光纤传感器可以区分不同颜色的零件；当光纤传感器调整到能检测到白色零件时，它也可以检测到金属零件，但不能检测到黑色零件；当光纤传感器调整到能检测到黑色零件时，它还能检测到金属零件，也能检测到白色零件。

（1）I/O 接口分配。输入/输出接口的分配见表 3-14。模拟运行时可用行程开关或按钮代替传感器。

表 3-14 传送带控制装置的 I/O 接口分配

输入部分			输出部分		
输入元件	PLC 编程元件	作用	输出元件	PLC 编程元件	作用
SB1	I0. 0	启动按钮	KM 线圈	Q0. 0	电动机 M1
SB2	I0. 1	停止按钮	YV1 线圈	Q0. 1	包装电磁阀
SB3	I0. 2	报警复位按钮	YV2 线圈	Q0. 2	气缸电磁阀
SQ1	I0. 3	光电传感器	HA	Q0. 3	报警蜂鸣器
SQ2	I0. 4	电感传感器			
SQ3	I0. 5	光纤传感器 1			
SQ4	I0. 6	光纤传感器 2			

（2）系统硬件接线图如图 3-10 所示。

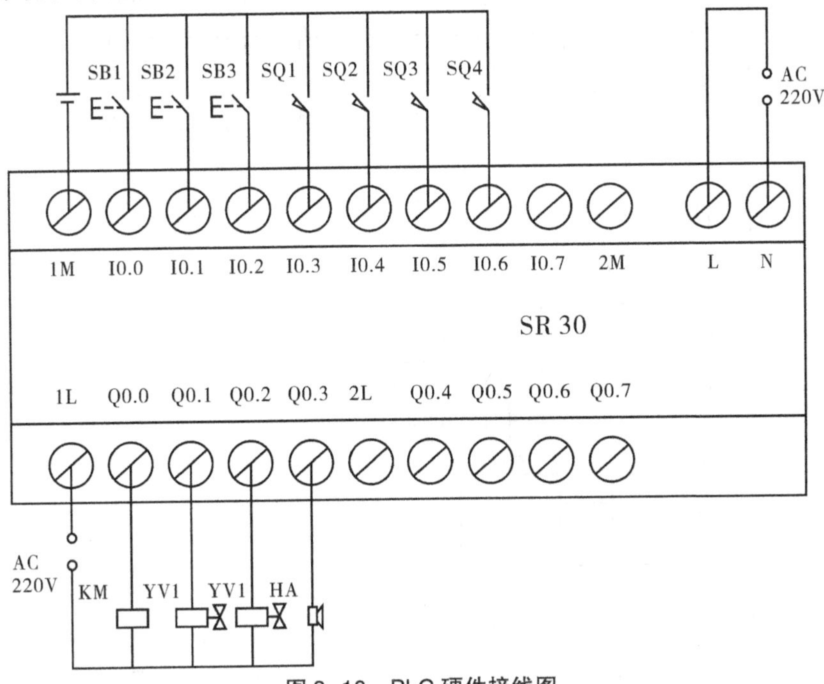

图 3-10　PLC 硬件接线图

（3）系统 PLC 控制程序如图 3-11 所示。

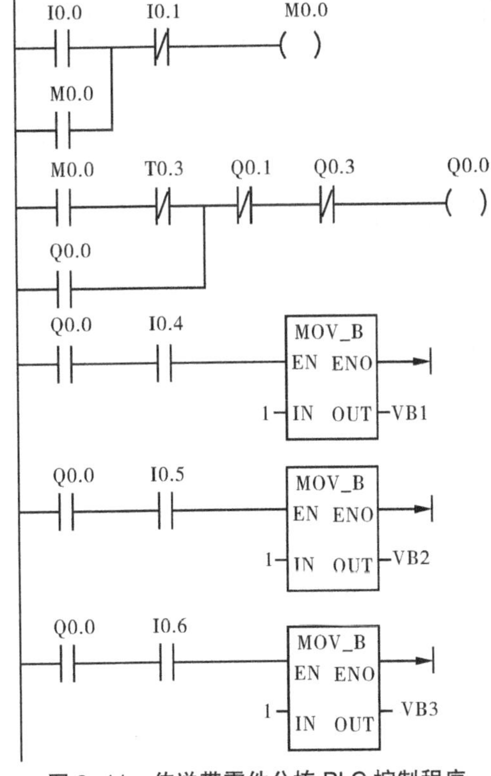

图 3-11　传送带零件分拣 PLC 控制程序

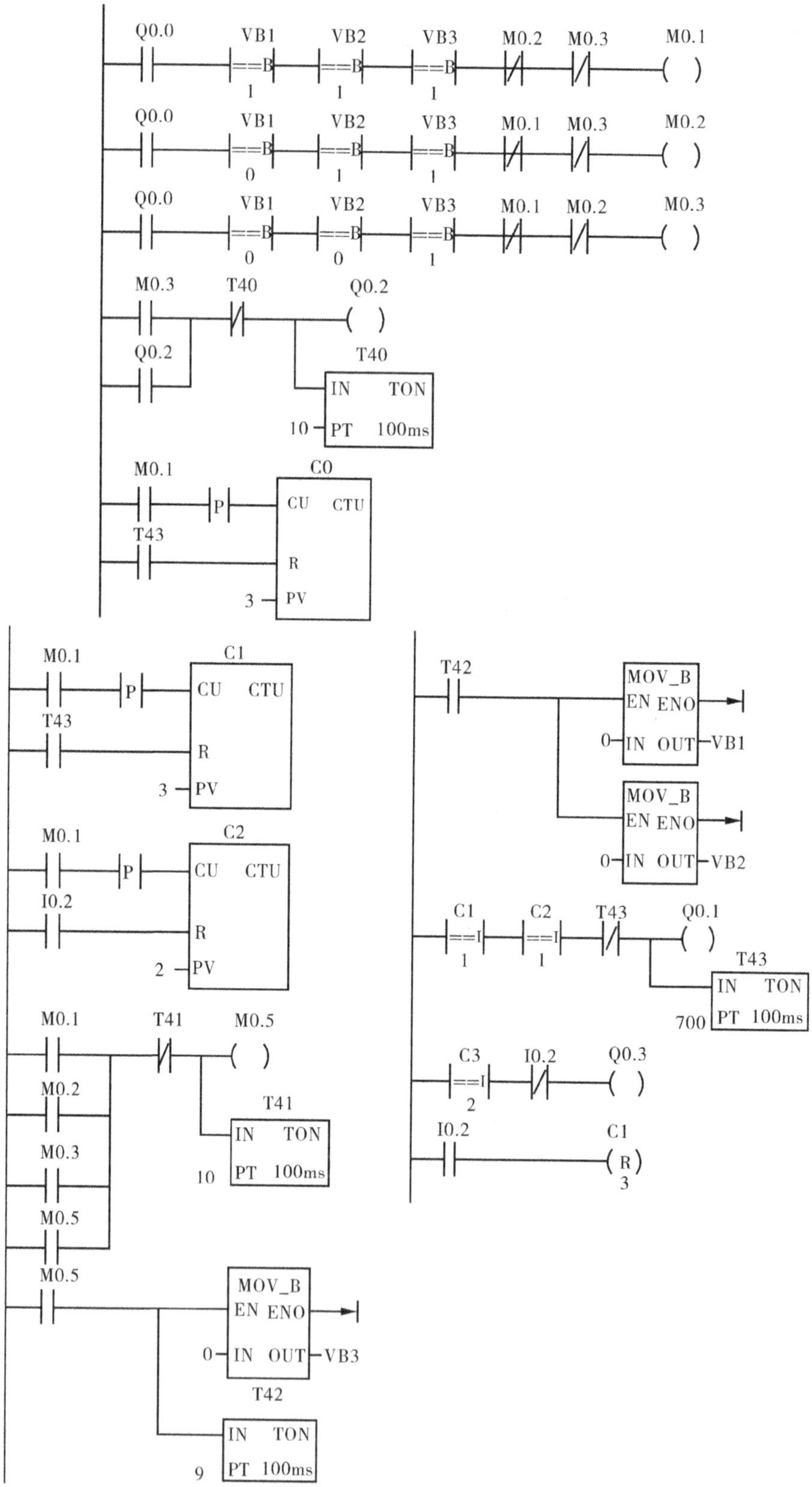

图 3-11　传送带零件分拣 PLC 控制程序（续）

任务二　机械手的 PLC 控制

【任务描述】

PLC 控制机械手将工件从 A 处搬送到 B 处，如图 3-12 所示。具体要求如下：

（1）上电时，机械手处在初始状态（原位），水平臂、垂直臂缩回，手爪松开，原位指示灯 HL 点亮。

（2）按下“SB1”启动开关，机械手开始从原位按以下顺序进行动作：①下降→②夹紧工件→③上升→④伸出→⑤下降→⑥松开工件→⑦上升→⑧缩回，回到原位后，再次循环运行。

（3）极限位置分别用磁性位置开关来检测，下极限位置开关 SQ1，上极限位置开关 SQ2，右极限位置开关 SQ3，左极限位置开关 SQ4。

试设计 PLC 控制程序并调试运行。

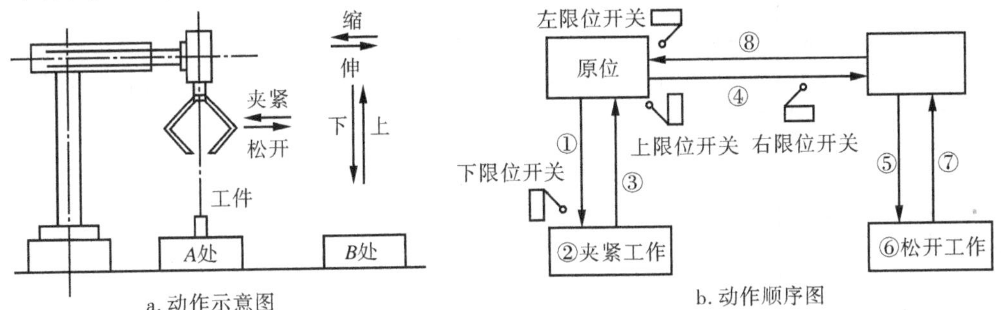

图 3-12　机械手动作示意图

移位指令含移位、循环移位、移位寄存器及字节交换等指令，常应用于一个数字量输出点对应多个相对固定的顺序动作的控制，如 PLC 控制机械手、交通灯等。

一、左移和右移指令及其应用

移位指令是将输入值 IN 的个位数值向右或向左移动 N 位，然后将结果装载到分配给 OUT 的存储单元中。对于每一位移出后留下的空位，移位指令会补零。如果移位计数 N 大于或等于允许的最大值（字节操作为 8 位、字操作为 16 位、双字操作为 32 位），则会按相应操作的最大允许值对数值进行移位。如果移位计数大于 0，则溢出存储器位 SM1.1 将会置位为移出的最后一位的值。如果移位操作的结果为零，则 SM1.0 零存储器位将被置位。

根据所移数据的长度不同，左移和右移指令又可分为字节型、字型、双字型。

字节操作是无符号操作。对于字操作和双字操作，使用有符号数据值时，也对符号位进行移位，如图 3-13 所示。

数据移位次数与移位数据的长度有关，如果所需要移位次数大于移位数据的位数，则超过的次数无效。例如，字节左移时，若移位次数设置为 10，则指令实际执行的结果是移位 8 次，而不是设定的 10 次。如果移位操作使数据变为 0，则零存储器标志位 SM1.0 自动置位。移位指令的格式见表 3-15。

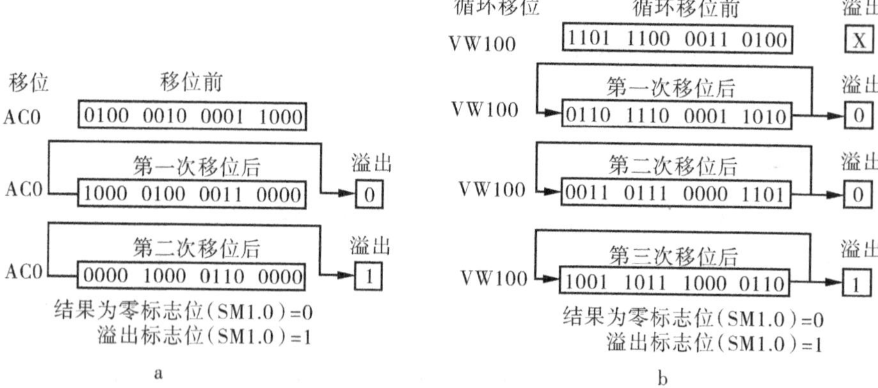

图 3-13　左移和右移指令

表 3-15　移位指令的格式

梯形图	语句表	指令名称
SHL_B EN ENO IN OUT N	SQB　OUT，N	字节左移指令
SHL_W EN ENO IN OUT N	SQW　OUT，N	字左移指令
SHL_DW EN ENO IN OUT N	SQDW　OUT，N	双字左移指令
SHR_B EN ENO IN OUT N	SRB　OUT，N	字节右移指令
SHR_W EN ENO IN OUT N	SRW　OUT，N	字右移指令

续表

梯形图	语句表	指令名称
SHR_DW EN ENO IN OUT N	SRDW OUT，N	双字右移指令

例 编制用移位指令控制 6 盏灯跑马灯式点亮的程序（图 3-14），要求按下启动按钮后，6 盏灯逐次单个点亮，间隔时间为 1s，最后一盏灯点亮后，第一盏灯又开始点亮，并如此循环。按下停止按钮，灯全部熄灭。

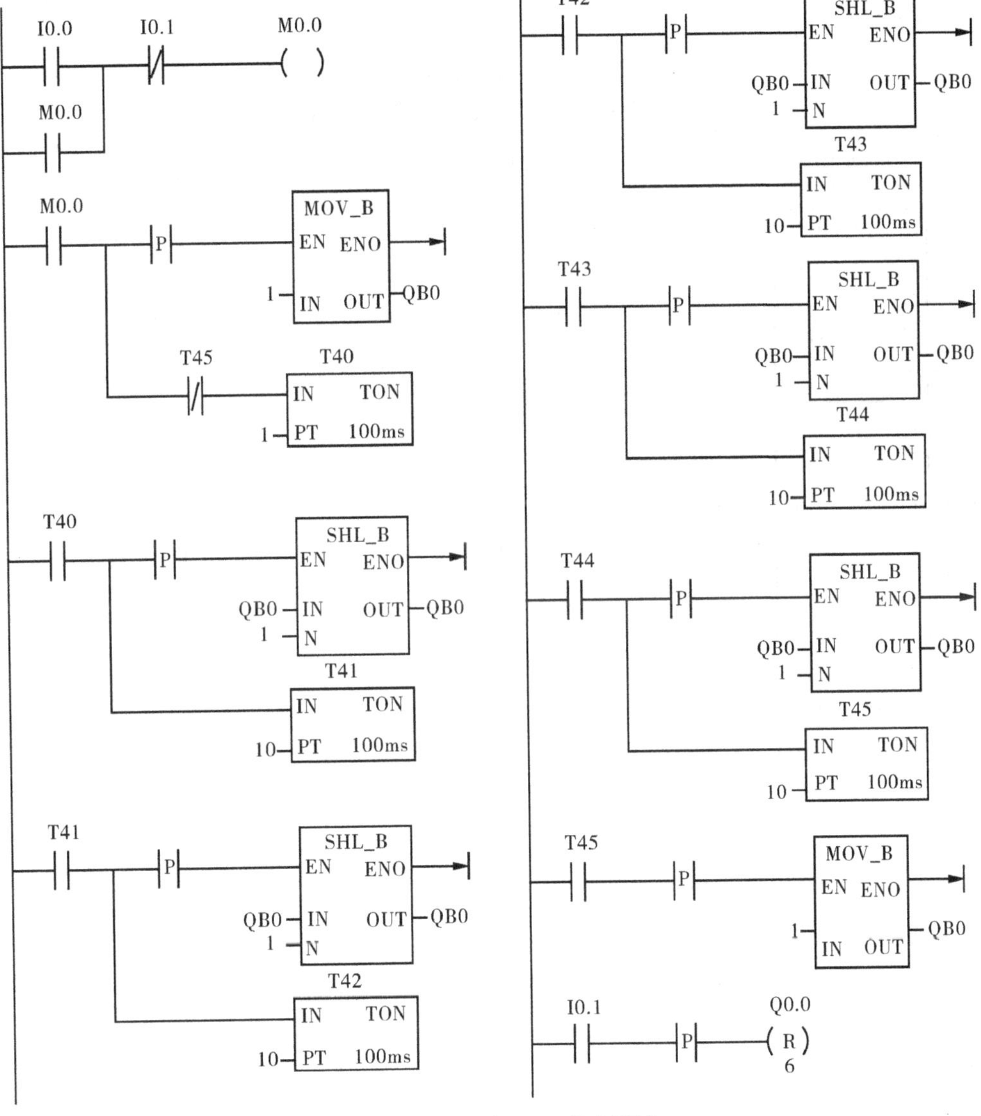

图 3-14 跑马灯 PLC 控制程序

二、循环左移和循环右移指令及其应用

循环左移和循环右移指令根据循环移位数的长度可分为字节型、字型、双字型。

循环移位指令将输入值 IN 的各位数值循环右移或循环左移 N 位，然后将结果装载到分配给 OUT 的存储单元中。循环移位操作为循环操作。

如果循环移位计数大于或等于操作的最大值（字节操作为 8 位、字操作为 16 位、双字操作为 32 位），则 CPU 会在执行循环移位前对移位计数执行求模运算以获得有效循环移位计数。该结果为移位计数，字节操作为 0~7，字操作为 0~15，双字操作为 0~31。

如果循环移位计数为 0，则不执行循环移位操作。如果执行循环移位操作，则溢出位 SM1.1 将置位为循环移出的最后一位的值。如果要循环移位的值为零，则零存储器位 SM1.0 将置位。

字节操作是无符号操作。对于字操作和双字操作，使用有符号数据类型时，也会对符号位进行循环移位。

循环移位指令的格式见表 3-16。移位指令和循环移位指令的操作范围见表 3-17。

表 3-16　循环移位指令的格式

梯形图	语句表	指令名称
ROL_B（EN、ENO、IN、OUT、N）	RLB　OUT，N	字节循环左移指令
ROL_W（EN、ENO、IN、OUT、N）	RLW　OUT，N	字循环左移指令
ROL_DW（EN、ENO、IN、OUT、N）	RLDW　OUT，N	双字循环左移指令
ROR_B（EN、ENO、IN、OUT、N）	RRB　OUT，N	字节循环右移指令

续表

梯形图	语句表	指令名称
ROR_W EN ENO IN OUT N	RRW OUT, N	字循环右移指令
ROR_DW EN ENO IN OUT N	RRDW OUT, N	双字循环右移指令

表 3-17 移位指令和循环移位指令的操作数范围

指令名称	操作数	范围
字节左右移位或字节循环左右移位	IN	IB、QB、VB、MB、SMB、SB、LB、AC、＊VD、＊LD、＊AC、常数
	OUT	IB、QB、VB、MB、SMB、SB、LB、AC、＊VD、＊LD、＊AC
	N	IB、QB、VB、MB、SMB、SB、LB、AC、＊VD、＊LD、＊AC、常数
字左右移位或字节循环左右移位	IN	IW、QW、VW、MW、SMW、SW、T、C、LW、AC、AIW、＊VD、＊LD、＊AC、常数
	OUT	IW、QW、VW、MW、SMW、SW、T、C、LW、AC、＊VD、＊LD、＊AC
	N	IB、QB、VB、MB、SMB、SB、LB、AC、＊VD、＊LD、＊AC、常数
双字左右移位或字节循环左右移位	IN	ID、QD、VD、MD、SMD、SD、LD、AC、HC、＊VD、＊LD、＊AC、常数
	OUT	ID、QD、VD、MD、SMD、SD、LD、AC、＊VD、＊LD、＊AC
	N	IB、QB、VB、MB、SMB、SB、LB、AC、＊VD、＊LD、＊AC、常数

三、寄存器移位指令及其应用

寄存器移位指令将 DATA 的位值移入寄存器，其指令格式如图 3-15 所示。

在梯形图中该指令有三个数据输入端。

（1）DATA 为数据输入端，移位时将其数值移入寄存器。

（2）S_BIT 指移位寄存器的最低位。

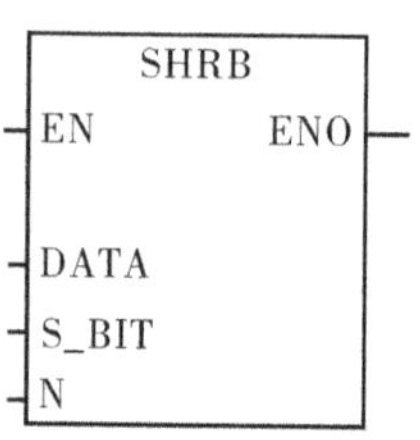

图 3-15　寄存器移位指令格式

（3）N 指寄存器的长度和移位方向。N 为正值时，进行正向移位，即移位是从最低字节的最低位（S_BIT）移入，从最高字节的最高位移出；N 为负值时，进行反向移位，即移位是从最高字节的最高位移入，从最低字节的最低位（S_BIT）移出。

寄存器位由最低有效位 S_BIT 位置和长度 N 指定的位数定义。寄存器存储单元的移出端与溢出标志位（SM1.1）相连，最后被移出的位放在 SM1.1 位存储单元。

DATA、S_BIT 的数据类型为 BOOL 型，操作数范围为 I、Q、V、M、SM、S、T、C、L。

N 的数据类型为字节型，操作数范围为 IB、QB、VB、YV、SYV、SB、LB、AC、*VD、*LD、*AC、常数。

图 3-16 所示为寄存器移位指令的应用，表 3-18 为程序执行过程中各存储单元状态。

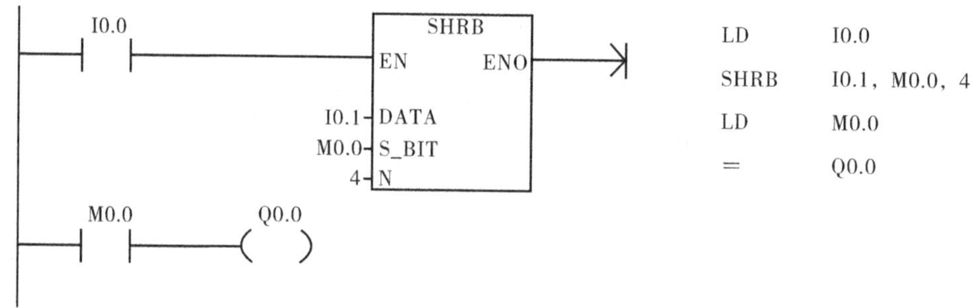

图 3-16　寄存器移位指令应用

表 3-18　各存储单元状态

移位次数	I0.1	M0.0	M0.1	M0.2	M0.3
0（移位前）	1	1	0	1	0
1（第一次移位后）	1	1	1	0	1
第二次移位前	0	1	1	0	1
2（第二次移位后）	0	0	1	1	0
第三次移位前	0	0	1	1	0
3（第三次移位后）	0	0	0	1	1

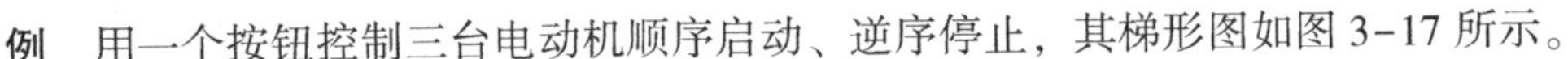

例 用一个按钮控制三台电动机顺序启动、逆序停止，其梯形图如图 3-17 所示。

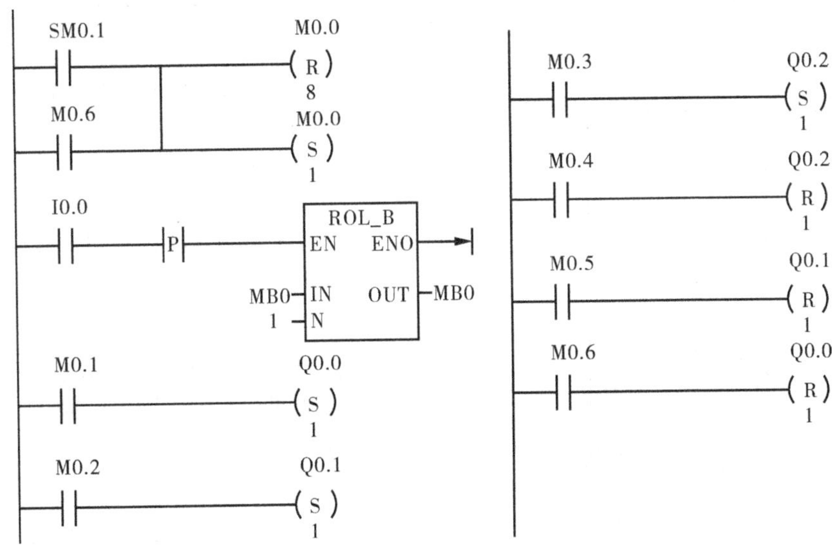

图 3-17 三台电动机顺序启动、逆序停止梯形图

四、转换指令

S7-200 SMART PLC 中的主要数据类型包括字节、整数、双整数和实数。主要数制有 BCD 码、ASCII 码、十进制和十六进制等。不同指令对操作数的类型要求不同，因此在指令使用前需要将操作数转化成相应的类型，数据转换指令可以完成这样的功能。数据转换指令包括：数据类型之间的转换、数制之间的转换、数据与码制之间的转换、截断指令、段码指令等，其指令格式见表 3-19。

表 3-19 转换指令格式

指令名称	梯形图	语句表	说明
BCD 转换为整数	BCD_I EN ENO IN OUT	BCDI OUT	将二进制编码的十进制 Word 数据类型值 IN 转换为整数 Word 数据类型的值，并将结果加载至分配给 OUT 的地址中。IN 的有效范围为 0~9999 的 BCD 码
整数码转换为 BCD	I_BCD EN ENO IN OUT	IBCD OUT	将输入整数 Word 数据类型值 IN 转换为二进制编码的十进制 Word 数据类型，并将结果加载至分配给 OUT 的地址中。IN 的有效范围为 0~9999 的整数。对于 STL，IN 和 OUT 参数使用同一地址
字符转换为整数	B_I EN ENO IN OUT	BTI IN，OUT	将字节值 IN 转换为整数值，并将结果存入分配给 OUT 的地址中。字节是无符号的，因此没有符号扩展位

续表

指令名称	梯形图	语句表	说明
整数转换为字节	I_B EN ENO IN OUT	ITB IN，OUT	将字值 IN 转换为字节值，并将结果存入分配给 OUT 的地址中。可转换 0~255 的值。所有其他值将导致溢出，且输出不受影响。注：要将整数转换为实数，请先执行整数到双精度整数指令，然后执行双精度整数到实数指令
整数转换为双精度整数	I_DI EN ENO IN OUT	ITD IN，OUT	将整数值 IN 转换为双精度整数值，并将结果存入分配给 OUT 的地址中。符号位扩展到高字节中
双精度整数转换为整数	DI_I EN ENO IN OUT	DTI IN，OUT	将双精度整数值 IN 转换为整数值，并将结果存入分配给 OUT 的地址处。如果转换的值过大以至于无法在输出中表示，则溢出位将置位，并且输出不受影响
双整数转换为实数	DI_R EN ENO IN OUT	DTR IN，OUT	将 32 位有符号整数 IN 转换为 32 位实数，并将结果存入分配给 OUT 的地址处
取整	ROUND EN ENO IN OUT	ROUND IN，OUT	将 32 位实数值 IN 转换为双精度整数值，并将取整后的结果存入分配给 OUT 的地址中。如果小数部分大于或等于 0.5，该实数值将进位
截断	TRUNC EN ENO IN OUT	TRUNC IN，OUT	将 32 位实数值 IN 转换为双精度整数值，并将结果存入分配给 OUT 的地址中。只有转换了实数的整数部分之后，才会丢弃小数部分。注：如果要转换的值不是一个有效实数或由于过大不能在输出中表示，则溢出位置位，但输出不受影响
段码指令	SEG EN ENO IN OUT	SEG IN，OUT	要点亮七段显示中的各个段，可通过“段码”指令转换 IN 指定的字符字节，以生成位模式字节，并将其存入分配给 OUT 的地址中。点亮的段表示输入字节最低有效位中的字符

段码转换形式如图 3-18 所示。

(IN) LSD	分段显示	(OUT) -gfe dcba
0	0	0011 1111
1	1	0000 0110
2	2	0101 1011
3	3	0100 1111
4	4	0110 0110
5	5	0110 1101
6	6	0111 1101
7	7	0000 0111

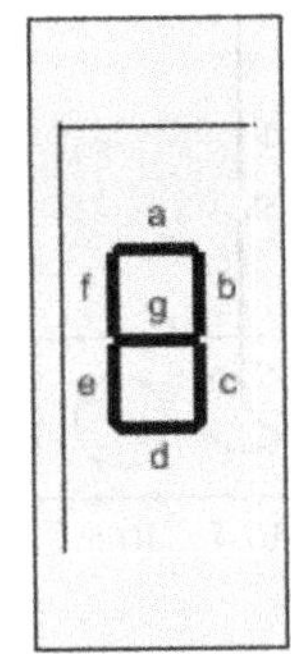

(IN) LSD	分段显示	(OUT) -gfe dcba
8	8	0111 1111
9	9	0110 0111
A	A	0111 0111
B	b	0111 1100
C	C	0011 1001
D	d	0101 1110
E	E	0111 1001
F	F	0111 0001

图 3-18　段码转换形式

例 1　段码转化程序，如图 3-19 所示。

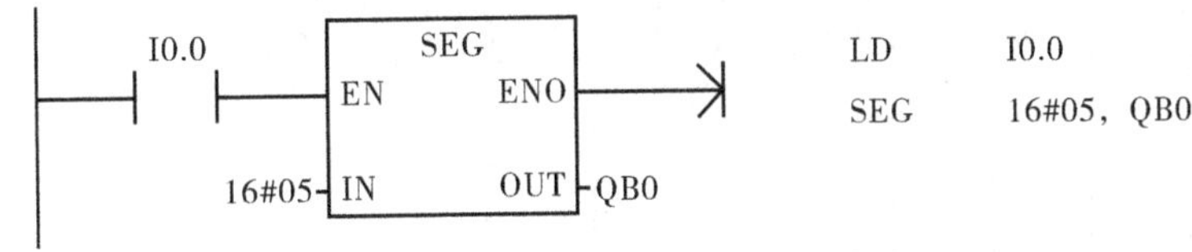

图 3-19　段码转换实例

例 2　编制控制机械手动作的 PLC 程序。

（1）PLC 控制机械手将工件从 A 处搬送到 B 处。具体要求如下：

1）上电时，机械手处在初始状态（原位），水平臂、垂直臂缩回，手爪松开，原位指示灯 HL 点亮。

2）按下“SB1”启动开关，机械手开始从原位按以下顺序进行动作：下降→夹紧工件→上升→伸出→下降→松开工件→上升→缩回，回到原位后，再次循环运行。

3）极限位置分别用磁性位置开关来检测，下极限位置开关 SQ1，上极限位置开关 SQ2，右极限位置开关 SQ3，左极限位置开关 SQ4。

（2）试设计 PLC 控制程序并调试运行。

1）I/O 接口分配见表 3-20。

表 3-20　机械手动作 PLC 控制的 I/O 接口分配

输入部分			输出部分		
输入元件	PLC 编程元件	作用	输出元件	PLC 编程元件	作用
SB1	I0. 0	启动开关	YV1 线圈	Q0. 0	下降电磁阀
SQ1	I0. 1	下限位开关	YV2 线圈	Q0. 1	夹紧电磁阀
SQ2	I0. 2	上限位开关	YV3 线圈	Q0. 2	上升电磁阀
SQ3	I0. 3	左限位开关	YV4 线圈	Q0. 3	右移电磁阀
SQ4	I0. 4	右限位开关	YV5 线圈	Q0. 4	左移电磁阀
			HL	Q0. 5	原位指示灯

2）系统硬件接线图如图 3-20 所示。

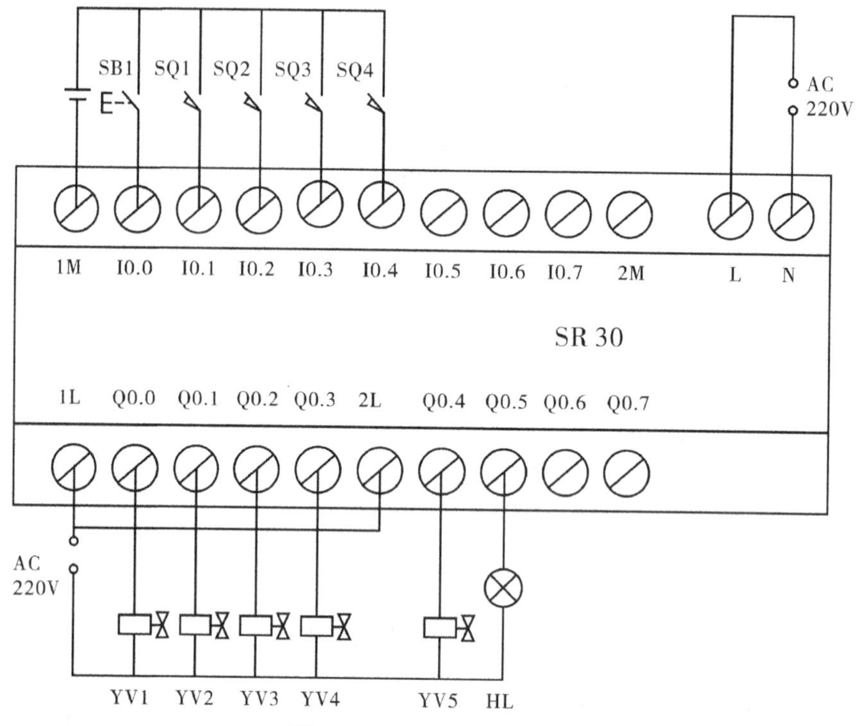

图 3-20　PLC 硬件连接图

3）系统梯形图如图 3-21 所示。

例 3　用传输指令编写一个四人抢答器的电路，要求在主持人按下开始后，四人方可进行抢答，任何一个抢答后，其余人员不能再进行抢答，同时主持人屏幕上显示抢答人员编号。当主持人按下停止按钮后，所有人禁止抢答，且主持人屏幕前不再显示组号。

（1）I/O 接口分配见表 3-21。

表 3-21　抢答器控制装置的 I/O 接口分配

输入部分			输出部分		
输入元件	PLC 编程元件	作用	输出元件	PLC 编程元件	作用
SB1	I0. 0	启动按钮	数码管 a 段	Q0. 0	a
SB2	I0. 1	停止按钮	数码管 b 段	Q0. 1	b
SB3	I0. 2	第一组抢答按钮	数码管 c 段	Q0. 2	c
SB4	I0. 3	第二组抢答按钮	数码管 d 段	Q0. 3	d
SB5	I0. 4	第三组抢答按钮	数码管 e 段	Q0. 4	e
SB6	I0. 5	第四组抢答按钮	数码管 f 段	Q0. 5	f
			数码管 g 段	Q0. 6	g

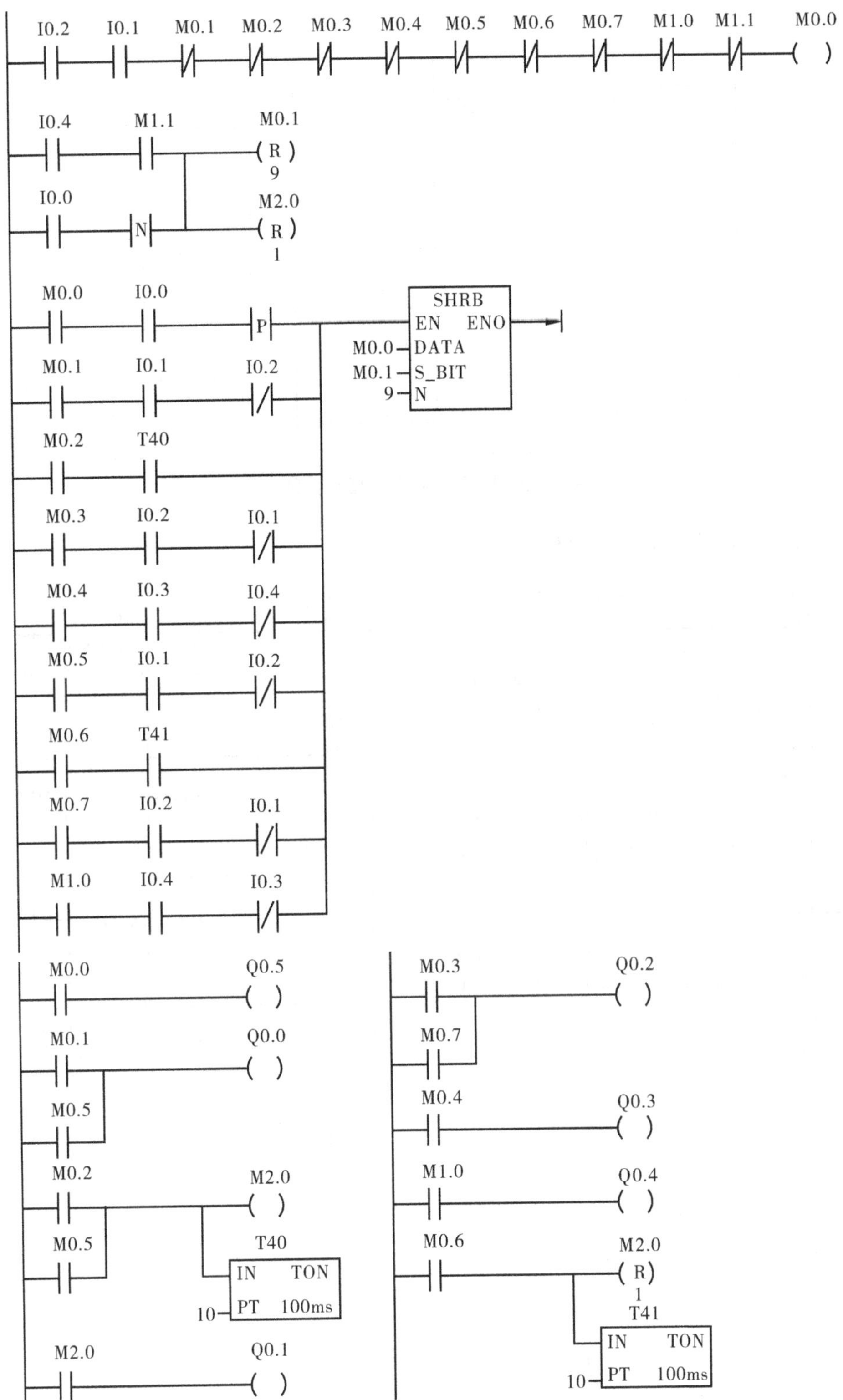

图 3-21　机械手动作的 PLC 控制梯形图

（2）系统硬件接线图如图 3-22 所示。

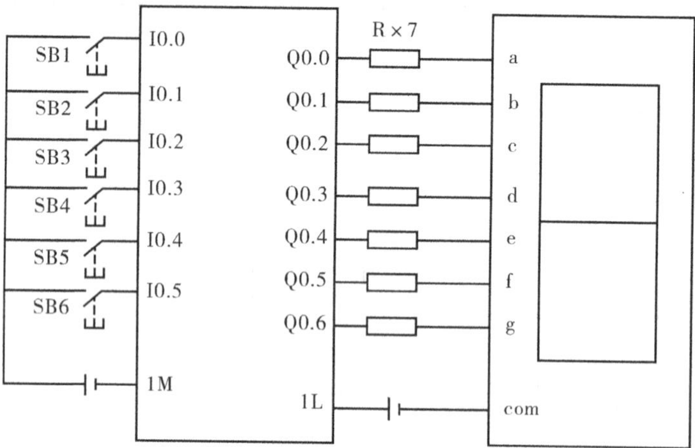

图 3-22　PLC 控制系统硬件接线图

（3）系统控制程序如图 3-23 所示。

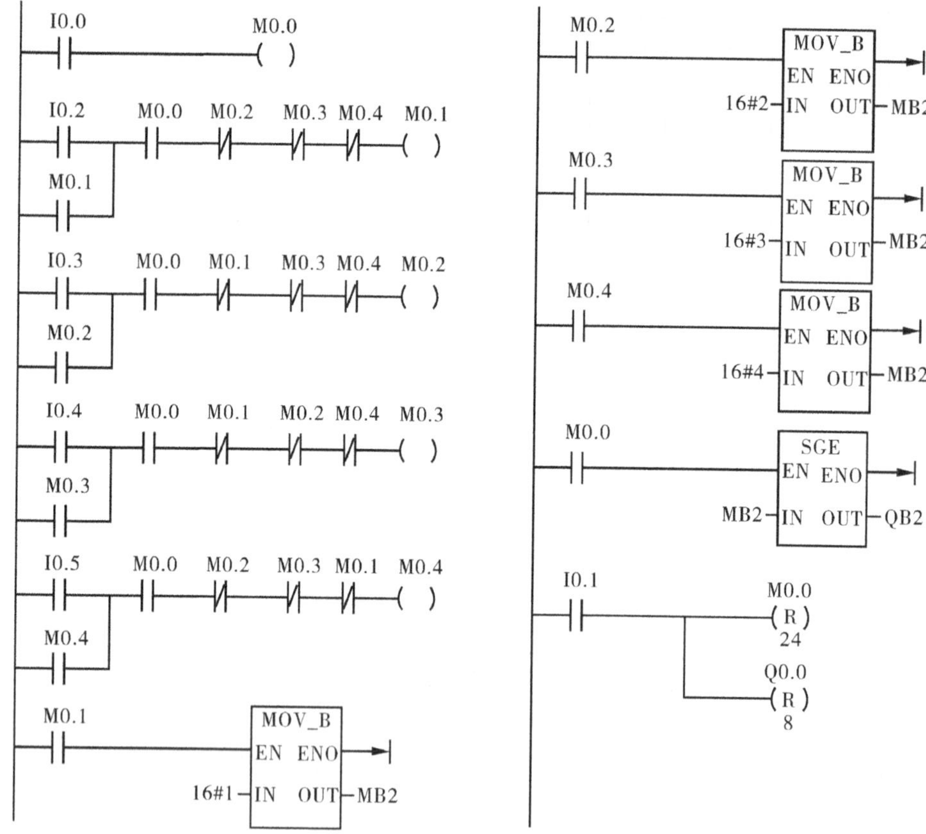

图 3-23　抢答系统 PLC 控制程序

五、数学运算指令

算术运算指令主要包括整数、双整数和实数的加、减、乘、除、加 1、减 1 指令，还包括整数乘法产生双整数指令和带余数的整数除法指令。

1. 加减运算指令

加减运算指令见表 3-22。

表 3-22　加减运算指令的梯形图及语句表

指令名称	梯形图	语句表	说明
加法运算指令	ADD_I EN ENO IN1 OUT IN2	+I IN1，OUT +D IN1，OUT +R IN1，OUT	整数加法指令将两个 16 位整数相加，产生一个 16 位结果。双整数加法指令将两个 32 位整数相加，产生一个 32 位结果。加实数指令将两个 32 位实数相加，产生一个 32 位实数结果。 LAD 和 FBD：IN1+IN2=OUT STL：IN1+OUT=OUT
减法运算指令	SUB_I EN ENO IN1 OUT IN2	-I IN1，OUT -D IN1，OUT -R IN1，OUT	整数减法指令将两个 16 位整数相减，产生一个 16 位结果。双整数减法（-D）指令将两个 32 位整数相减，产生一个 32 位结果。实数减法（-R）指令将两个 32 位实数相减，产生一个 32 位实数结果。 LAD 和 FBD：IN1-IN2=OUT STL：OUT-IN1=OUT
乘法运算指令	MUL_I EN ENO IN1 OUT IN2	* I IN1，OUT * D IN1，OUT * R IN1，OUT	整数乘法指令将两个 16 位整数相乘，产生一个 16 位结果。双整数乘法指令将两个 32 位整数相乘，产生一个 32 位结果。实数乘法指令将两个 32 位实数相乘，产生一个 32 位实数结果。 LAD 和 FBD：IN1 * IN2=OUT STL：IN1 * OUT=OUT
除法运算指令	DIV_R EN ENO IN1 OUT IN2	/I IN1，OUT /D IN1，OUT /R IN1，OUT	整数除法指令将两个 16 位整数相除，产生一个 16 位结果（不保留余数）。双整数除法指令将两个 32 位整数相除，产生一个 32 位结果（不保留余数）。实数除法（/R）指令将两个 32 位实数相除，产生一个 32 位实数结果。 LAD 和 FBD：IN1/IN2=OUT STL：OUT/IN1=OUT

续表

指令名称	梯形图	语句表	说明
加 1 运算指令	INC_B EN ENO IN OUT	INCB OUT INCW OUT INCD OUT	递增指令对输入值 IN 加 1 并将结果输入 OUT 中 LAD 和 FBD：IN+1=OUT STL：OUT+1=OUT 字节递增（INC_B）运算为无符号运算。字递增（INC_W）运算为有符号运算。双字递增（INC_DW）运算为有符号运算
减 1 运算指令	DEC_B EN ENO IN OUT	DECB OUT DECW OUT DECD OUT	递减指令将输入值 IN 减 1，并在 OUT 中输出结果 LAD 和 FBD：IN-1=OUT STL：OUT-1=OUT 字节递减（DEC_B）运算为无符号运算。字递减（DEC_W）运算为有符号运算。双字递减（DEC_D）运算为有符号运算
说明受影响的 SM 位	SM1.0 运算结果=零 SM1.1 溢出、运算期间生成非法值或非法输入 SM1.2 负数结果 SM1.3 除数为零 SM1.1 指示溢出错误和非法值。如果 SM1.1 置位，则 SM1.0 和 SM1.2 的状态无效，原始输入操作数不变。如果 SM1.1 和 SM1.3 未置位，则数学运算已完成且结果有效，并且 SM1.0 和 SM1.2 包含有效状态。如果在除法运算过程中 SM1.3 置位，则其他数学运算状态位保持不变		

2. 算数运算指令的操作数范围

算数运算指令的操作数范围见表 3-23。

表 3-23 算数运算指令的操作数范围

输入/输出	数据类型	操作数
IN1 IN2	INT	IW、QW、VW、MW、SMW、SW、T、C、LW、AC、AIW、*VD、*AC、*LD、常数
	DINT	ID、QD、VD、MD、SMD、SD、LD、AC、HC、*VD、*LD、*AC、常数
	REAL	ID、QD、VD、MD、SMD、SD、LD、AC、*VD、*LD、*AC、常数
OUT	INT	IW、QW、VW、MW、SMW、SW、LW、T、C、AC、*VD、*AC、*LD
	DINT、REAL	ID、QD、VD、MD、SMD、SD、LD、AC、*VD、*LD、*AC

任务三　彩灯循环的 PLC 控制程序

【任务描述】

如图 3-24 所示的一组彩灯，打开开关 SA1 后，可按循环 1、循环 2 两种方式循环闪烁，分别由 SA2、SA3 两个开关控制，闪烁间隔时间均为 1s。

循环1：1 → 2、3、4、5、6、7 → 13、12、11、10、9、8 → 1

循环2：1、3、9 → 1、4、10 → 1、5、11 → 1、6、12 → 1、7、13 → 1、2、8 → 1、3、9

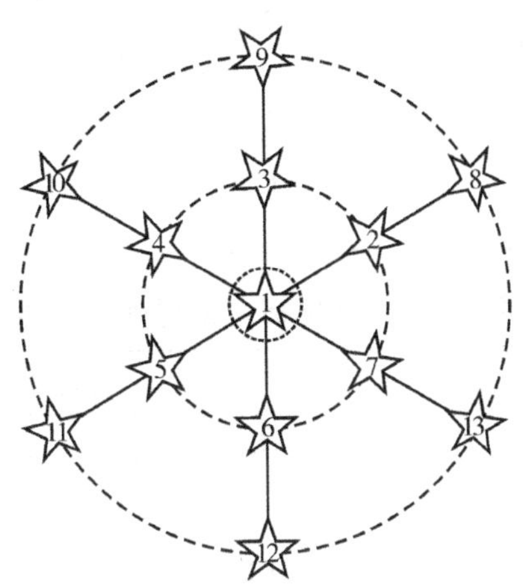

图 3-24　彩灯模拟控制示意图

一、跳转指令

可在主程序、子程序或中断程序中使用 JMP（跳转）指令。JMP 及其对应的 LBL（标号）指令必须位于与主程序、子程序或中断程序相同的代码段中，其格式见表 3-24。

表 3-24　跳转指令格式

指令名称	梯形图	语句表	说明	操作数
跳转指令	n —(JMP)	JMP N	JMP（跳转）指令对程序中的标号 N 执行分支操作	常数（0~255）
标号指令	N LBL	LBL N	LBL（标号）指令用于标记跳转目的地 n 的位置	

当触发信号接通时，跳转指令 JMP 线圈有信号流流过，跳转指令使程序流程跳转到与 JMP（Jump）指令编号相同的标号 LBL（Label）处，顺序执行标号指令以下的程序，而跳转指令与标号指令之间的程序不执行。若触发信号断开时，跳转指令 JMP 线圈没有信号流流过，顺序执行跳转指令与标号指令之间的程序。编号相同的两个或多个 JMP 指令可以在同一程序里。但在同一程序中，不可以使用相同编号的两个或多个 LBL 指令。

二、循环指令

循环指令包括 FOR、NEXT 两条指令，这两条指令必须成对使用，当需要某个程序段反复执行多次时，可以使用循环指令，其指令格式见表 3-25，循环指令的操作数范围见表 3-26。

表 3-25　循环指令格式

指令名称	梯形图	语句表	说明
循环开始指令	FOX EN　ENO INDX INIT FINAL	FOR INDX，INIT，FINAL	FOR 指令执行 FOR 和 NEXT 指令之间的指令。需要分配索引值或当前循环计数 INDX、起始循环计数 INIT 和结束循环计数 FINAL
循环结束指令	(NEXT)	NEXT	NEXT 指令会标记 FOR 循环程序段的结束

表 3-26　循环指令的操作数范围

输入/输出	数据类型	操作数
IN1、IN2	INDX	IW，QW，VW，MW，SMW，SW，T，C，LW，AC，＊VD，＊LD，＊AC
	INIT，FINAL	VW，IW，QW，MW，SMW，SW，T，C，LW，AC，AIW，＊VD，＊LD，＊AC

三、结束、停止和监视定时器复位指令

条件结束指令 END 根据控制它的逻辑条件终止当前的扫描周期。只能在主程序中使用 END。

条件停止指令 STOP 使 CPU 从 RUN 模式切换到 STOP 模式，立即终止用户程序的执行。如果在中断程序中执行 STOP 指令，中断程序立即终止，忽略全部等待执行的中断，继续执行主程序的剩余部分，并在主程序执行结束时，完成从 RUN 模式到 STOP 模式的转换。

看门狗定时器又称为看门狗（Watchdog），它的定时时间为 500ms，每次扫描它时都被自动复位，然后又开始定时。正常工作时若扫描周期小于 500ms，它不起作用。如果扫描周期超过 500ms，CPU 会自动切换到 STOP 模式，并会产生非致命错误“扫描看门狗超时”。

如果扫描周期可能超过 500ms，可以在程序中使用看门狗复位指令 WDR，以扩展允许使用的扫描周期。每次执行 WDR 指令时，若看门狗超过时间会复位 500ms。即使使用了 WDR 指令，如果扫描持续时间超过 5s，CPU 将会无条件地切换到 STOP 模式。结束、停止和监视定时器复位指令格式见表 3-27。

表 3-27　结束、停止和监视定时器复位指令格式

指令名称	梯形图	语句表	说明
条件结束指令	—(END)	END	有条件 END 指令基于前一逻辑条件终止当前扫描。可在主程序中使用有条件 END 指令，但不能在子程序或中断程序中使用
条件停止指令	—(STOP)	STOP	有条件 STOP 指令通过将 CPU 从 RUN 模式切换到 STOP 模式来终止程序的执行 如果在中断程序中执行 STOP 指令，则中断程序将立即终止，所有挂起的中断将被忽略。当前扫描周期中的剩余操作已完成，包括执行主用户程序。从 RUN 到 STOP 模式的转换是在当前扫描结束时进行的
看门狗定时器复位指令	—(WDR)	WDR	看门狗复位指令触发系统看门狗定时器，并将完成扫描的允许时间（看门狗超时错误出现之前）加 500ms

四、子程序指令

S7-200 SMART PLC 的控制程序由主程序、子程序和中断程序组成。在程序编制窗口里为每个 POU（程序组成单元）提供一个独立的页。主程序总是在第 1 页，而后是子程序和中断程序。

在程序设计时，经常需要多次反复执行同一段程序，为简化程序结构、减少程序编写工作量，在程序结构设计时常将需要反复执行的程序编写为一个子程序，以便反复调用。子程序的调用是有条件的，未调用它时不会执行子程序中的指令，故可以减少扫描时间。

子程序是指具有特定功能、并且可以多次使用的程序段。子程序用于为程序分段和分块，使其成为较小的、更易于理解与管理的块。子程序指令有子程序调用和子程序返回两大类。其指令格式见表 3-28，其操作数范围见表 3-29。

表 3-28　子程序指令格式

指令名称	梯形图	语句表	说明
子程序调用指令	SBR_N EN x1 x2　x3	CALL SBR_n, x1, x2, x3	子程序调用指令将程序控制权转交给子程序 SBR_N。可以使用带参数或不带参数的子程序调用指令。子程序执行完后，控制权返回给子程序调用指令后的下一条指令。调用参数 x1（IN）、x2（IN_OUT）和 x3（OUT）分别表示传入、传入和传出或传出子程序的三个调用参数。调用参数是可选的。可以使用 0~16 个调用参数。调用子程序时，存整个逻辑堆栈，栈顶值设置为一，堆栈其他位置的值设置为零，控制权交给被调用子程序。该子程序执行完后，堆栈恢复为调用时保存的数值，控制权返回给调用例程。子程序和调用例程共用累加器。由于子程序使用累加器，所以不对累加器执行保存或恢复操作。在同一周期内多次调用子程序时，不应使用上升沿、下降沿、定时器和计数器指令

续表

指令名称	梯形图	语句表	说明
从子程序有条件返回指令	—(RET)	CRET	从子程序有条件返回指令（CRET）根据前面的逻辑终止子程序

表 3-29　子程序指令的操作数范围

输入/输出	数据类型	操作数
SBR_n	WORD	常数：0-127
IN	BOOL	V、I、Q、M、SM、S、T、C、L、能流（LAD）、逻辑流（FBD）
	BYTE	VB、IB、QB、MB、SMB、SB、LB、AC、＊VD、＊LD、＊AC、常数
	WORD，INT	VW、T、C、IW、QW、MW、SMW、SW、LW、AC、AIW、＊VD、＊LD、＊AC[1]、常数
	DWORD，DINT	VD、ID、QD、MD、SMD、SD、LD、AC、HC、＊VD、＊LD、＊AC[1]、&VB、&IB、&QB、&MB、&T、&C、&SB、&AI、&AQ、&SMB、常数
	STRING	＊VD、＊LD、＊AC、常数
IN_OUT	BOOL	V、I、Q、M、SM、S、T、C、L
	BYTE	VB、IB、QB、MB、SMB、SB、LB、AC、＊VD、＊LD、＊AC
	WORD，INT	VW、T、C、IW、QW、MW、SMW、SW、LW、AC、＊VD、＊LD、＊AC
	DWORD，DINT	VD、ID、QD、MD、SMD、SD、LD、AC、＊VD、＊LD、＊AC
OUT	BOOL	V、I、Q、M、SM、S、T、C、L
	BYTE	VB、IB、QB、MB、SMB、SB、LB、AC、＊VD、＊LD、＊AC
	WORD，INT	VW、T、C、IW、QW、MW、SMW、SW、LW、AC、AQW、＊VD、＊LD、＊AC
	DWORD，DINT	VD、ID、QD、MD、SMD、SD、LD、AC、＊VD、＊LD、＊AC

带参数调用子程序可选择使用传递参数。这些参数在子程序的变量表中定义。必须为每个参数分配局部符号名称（最多 23 个字符）、变量类型和数据类型。一个子程序最多可以传递 16 个参数。变量表中的 VAR_Type 类型字段定义变量是传入子程序（IN）、传入和

传出子程序（IN_OUT），还是传出子程序（OUT）。

要添加新参数行，请将光标置于要添加变量类型 IN、IN_OUT、OUT 或 TEMP 的 Var_Type 字段上。单击鼠标右键打开选择菜单。选择“插入”（Insert）选项，然后选择“下一行”（Row Below）选项。所选类型的另一个参数行将出现在当前条目下方。

可在变量表中分配临时（TEMP）参数来存储只在子程序执行过程中有效的数据。局部 TEMP 数据不会作为调用参数进行传递。也可在主例程和中断程序中分配 TEMP 参数，但只有子程序可以使用 IN、IN_OUT 和 OUT 调用参数，子程序的变量表参数类型见表 3-30。

表 3-30　子程序的变量表参数类型

输入/输出	操作数
IN	参数传入子程序。如果参数是直接地址（例如 VB10），则指定位置的值传入子程序。如果参数是间接地址（例如 * AC1），则指针指代位置的值传入子程序。如果参数是数据常数（16#1234）或地址（&VB100），则常数或地址值传入子程序
IN_OUT	指定参数位置的值传入子程序，子程序的结果值返回至同一位置。常数（如 16#1234）和地址（如 &VB100）不允许用作输入/输出参数
OUT	子程序的结果值返回至指定参数位置。常数（例如 16#1234）和地址（如 &VB100）不允许用作输出参数。由于输出参数并不保留子程序最后一次执行时分配给它的值，所以每次调用子程序时必须给输出参数分配值
TEMP	没有用于传递参数的任何局部存储器都可在子程序中作为临时存储单元使用

在带参数的子程序调用指令中，必须按照一定的顺序排列参数，输入参数在最前面，其次是输入/输出参数，然后是输出参数。

如果使用 STL 编程，则 CALL 指令的格式是：

CALL 子程序编号，参数 1，参数 2，…，参数 16。

例 1　彩灯闪烁的 PLC 控制程序。

如图 3-24 所示的一组彩灯，打开开关 SA1 后，可按循环 1、循环 2 两种方式循环闪烁，分别由 SA2、SA3 两个开关控制，闪烁间隔时间均为 1s。

（1）I/O 接口分配见表 3-31。

表 3-31　彩灯控制装置的 I/O 接口分配

输入部分					
输入元件	PLC 编程元件	作用	输入元件	PLC 编程元件	作用
SA1	I0.0	总开关	SA3	I0.2	循环 2 开关
SA2	I0.1	循环 1 开关			

续表

输出部分					
输出元件	PLC 编程元件	作用	输出元件	PLC 编程元件	作用
1	Q0.0	彩灯 1	8	Q0.7	彩灯 8
2	Q0.1	彩灯 2	9	Q1.0	彩灯 9
3	Q0.2	彩灯 3	10	Q1.1	彩灯 10
4	Q0.3	彩灯 4	11	Q1.2	彩灯 11
5	Q0.4	彩灯 5	12	Q1.3	彩灯 12
6	Q0.5	彩灯 6	13	Q1.4	彩灯 13
7	Q0.6	彩灯 7			

（2）系统程序如图 3-25~图 3-27 所示。

1）主程序如图 3-25 所示。

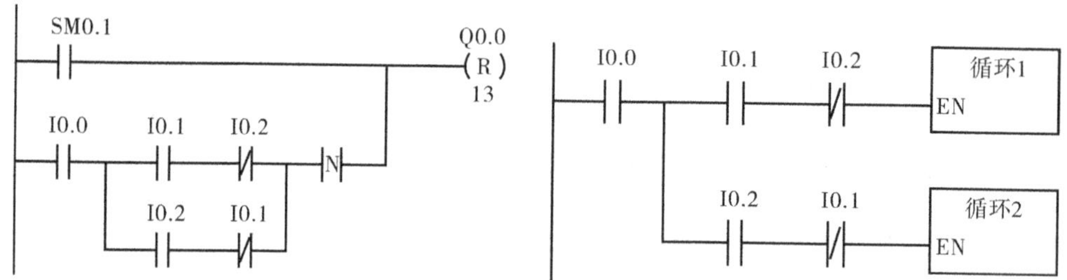

图 3-25　彩灯闪烁主程序

2）循环 1 子程序如图 3-26 所示。

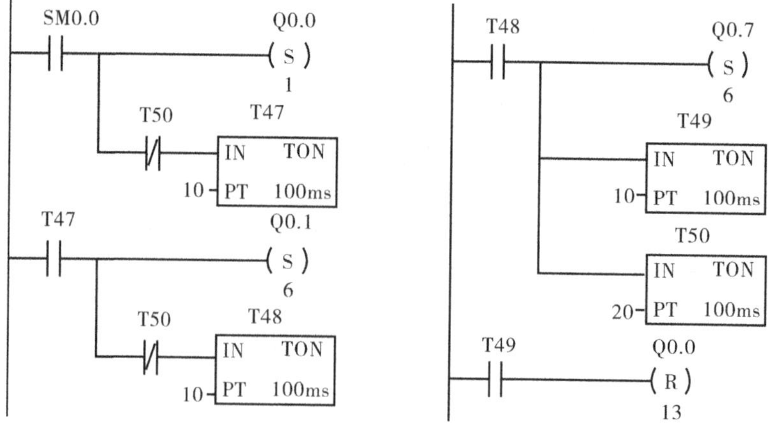

图 3-26　循环 1 子程序

3）循环 2 子程序如图 3–27 所示。

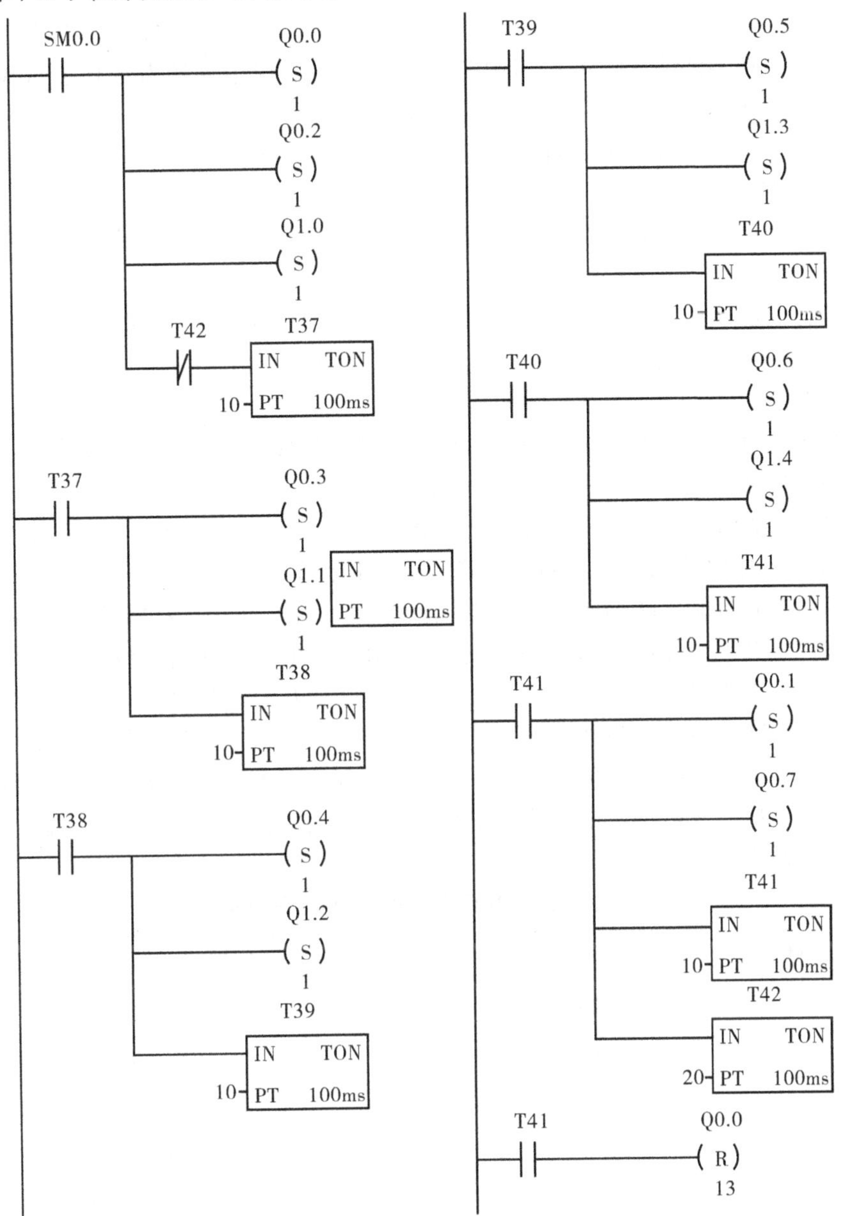

图 3–27 循环 2 子程序

五、中断程序与中断指令

中断指令在计算机技术中应用较为广泛。中断功能是用中断程序及时地处理中断事件（表 3–32），中断事件与用户程序的执行时序无关，有的中断事件不能事先预测何时发生。中断程序不是由用户程序调用，而在中断事件发生时由操作系统调用。中断程序是用户编写的。中断程序应该优化，在执行完某项特定任务后应返回被中断的程序。应使中断程序尽量短小，以减少中断程序的执行时间，减少对其他处理的延迟，否则可能引起主程序控制的设备操作异常。设计中断程序时应遵循“越短越好”的原则。

中断由事件驱动，在 POU 调用中断程序之前，必须在中断事件和要在事件发生时执行的程序段之间建立关联。使用连接中断指令（ATCH）将中断事件（由在中断事件优先级表中定义的中断事件编号指定）与中断程序（由中断程序编号指定）进行关联。将中断事件连接到中断程序时，会自动启用该中断。

中断使能指令（ENI）全局性启用对所有连接的中断事件的处理。中断禁止指令（DISI）全局性禁止对所有中断事件的处理。

如果使用全局禁用中断指令禁用所有的中断，中断事件的每次出现均排队等候，直至使用全局启用中断指令重新启用中断。

可禁用各中断事件，方法是使用分离中断指令（DTCH）解除中断事件与中断程序之间的关联。“分离”指令使中断返回未激活或被忽略状态。

1. 中断服务

优先级相同时，CPU 按照先来先处理的原则处理中断。在某一时间仅执行一个用户中断程序。中断程序开始执行后，会一直执行直至完成。其他中断程序无法预先清空该程序，即使更高优先级的程序。正在处理另一个中断时发生的中断会进行排队等待处理。表 3-32 显示了三种中断队列以及它们能存储的最大中断数。

出现的中断有可能比队列所能容纳的中断更多。因此，队列溢出存储器位（标识已丢失的中断事件类型）由系统进行维护。表 3-32 给出了中断队列溢出位。应仅在中断程序中使用这些位，因为当队列清空时，这些位将复位，并且控制权将返回到扫描周期。

如果多个中断事件同时发生，则优先级（组和组内）会确定首先处理哪一个中断事件。处理了优先级最高的中断事件之后，会检查队列，以查找仍在队列中的当前优先级最高的事件，并会执行连接到该事件的中断程序。会继续执行这一步骤，直至队列为空且控制权返回到扫描周期。

表 3-32　中断事件的优先级顺序表

优先级组	事件号	说明	优先级组	事件号	说明
通信最高优先级	8	端口 0 接收字符	离散中等优先级	6	I0.3 上升沿
	9	端口 0 发送完成		35	I7.0 上升沿（信号板）
	23	端口 0 接收消息完成		37	I7.1 上升沿（信号板）
	24	端口 1 接收消息完成		1	I0.0 下降沿
	25	端口 1 接收字符		3	I0.2 下降沿
	26	端口 1 发送完成		5	I0.3 下降沿
离散中等优先级	19	PT00 脉冲计数完成		7	I0.3 下降沿
	20	PT01 脉冲计数完成		36	I7.0 下降沿（信号板）
	34	PT02 脉冲计数完成		38	I7.1 下降沿（信号板）
	0	I0.0 上升沿		12	HSC0 CV = PV（当前值 = 预设值）
	2	I0.1 上升沿		27	HSC0 方向改变
	4	I0.2 上升沿			

续表

优先级组	事件号	说明	优先级组	事件号	说明
离散中等优先级	28	HSC0 外部复位	离散中等优先级	30	HSC4 方向改变
	13	HSC1 CV=PV（当前值=预设值）		31	HSC4 外部复位
	16	HSC2 CV=PV（当前值=预设值）		33	HSC5 CV=PV
	17	HSC2 方向改变		43	HSC5 方向改变
	18	HSC2 外部复位	定时最低优先级	44	HSC5 外部复位
	32	HSC3 CV=PV（当前值=预设值）		10	定时中断 0 SMB34
	29	HSC4 CV=PV		11	定时中断 1 SMB35
				21	定时器 T32 CT=PT 中断
				22	定时器 T96 CT=PT 中断

2. 中断事件类型

S7-200 SMART CPU 支持的中断事件类型有三种：通信端口中断、I/O 中断、基于时间的中断。

（1）通信端口中断。CPU 的串行通信端口可通过程序进行控制。通信端口的这种操作模式称为自由端口模式。在自由端口模式下，程序定义波特率、每个字符的位数、奇偶校验和协议。接收和发送中断可简化程序控制的通信。有关详细信息，参见发送和接收指令。

（2）I/O 中断。I/O 中断包括上升/下降沿中断、高速计数器中断和脉冲串输出中断。CPU 可以为输入通道 I0.0、I0.1、I0.2 和 I0.3（以及带有可选数字量输入信号板的标准 CPU 的输入通道 I7.0 和 I7.1）生成输入上升和/或下降沿中断。可对这些输入点中的每一个捕捉上升沿和下降沿事件。这些上升沿/下降沿事件可用于指示在事件发生时必须立即处理的状况（说明：CPU 型号 CPU CR20s、CPU CR30s、CPU CR40s 和 CPU CR60s 不支持使用信号板）。

高速计数器中断时可以对下列情况做出响应：当前值达到预设值，与轴旋转方向反向相对应的计数方向发生改变或计数器外部复位。这些高速计数器事件均可触发实时执行的操作，以响应在可编程逻辑控制器扫描速度下无法控制的高速事件。

脉冲串输出中断在指定的脉冲数完成输出时立即进行通知。脉冲串输出的典型应用为步进电动机控制。

通过将中断程序连接到相关 I/O 事件来启用上述各中断。

（3）基于时间的中断。基于时间的中断包括定时中断和定时器 T32/T96 中断。可使用定时中断指定循环执行的操作。循环时间位于 1～255ms 之间，按增量为 1ms 进行设置。必须在定时中断 0 的 SMB34 和定时中断 1 的 SMB35 中写入循环时间。

每次定时器设定时间到时，定时中断事件都会将控制权传递给相应的中断程序。通常，可以使用定时中断来控制模拟量输入的采样或定期执行 PID 回路。

将中断程序连接到定时中断事件时，启用定时中断且开始定时。连接期间，系统捕捉周期时间值，因此 SMB34 和 SMB35 的后续变化不会影响周期时间。要更改周期时间，必

须修改周期时间值，然后将中断程序重新连接到定时中断事件。重新连接时，定时中断功能会清除先前连接的所有累计时间，并开始用新值计时。

定时中断启用后，将连续运行，每个连续时间间隔之后，会执行连接的中断程序。如果退出 RUN 模式或分离定时中断，定时中断将禁用。如果执行了全局 DISI（中断禁止）指令，定时中断会继续出现，但是尚未处理所连接的中断程序。每次定时中断出现均排队等候，直至中断启用或队列已满。

使用定时器 T32/T96 中断可及时响应指定时间间隔的结束。仅 1ms 分辨率的接通延时（TON）和断开延时（TOF）定时器 T32 和 T96 支持此类中断。否则 T32 和 T96 正常工作。启用中断后，如果在 CPU 中执行正常的 1ms 定时器更新期间，激活定时器的当前值等于预设时间值，将执行连接的中断程序。可通过将中断程序连接到 T32（事件 21）和 T96（事件 22）中断事件来启用这些中断。

3. 中断指令

中断指令表现形式见表 3-33。

表 3-33　中断指令表现形式

梯形图	语句表	说明	梯形图	语句表	说明
—(ENI)	ENI	中断启用指令全局性启用对所有连接的中断事件的处理	ATCH: EN, ENO, INT, EVNT	ATCH INT, EVNT	中断连接指令将中断事件 EVNT 与中断程序编号 INT 相关联，并启用中断事件
—(ENI)	DISI	中断禁止指令全局性禁止对所有中断事件的处理	DTCH: EN, ENO, EVNT	DTCH EVNT	中断分离指令解除中断事件 EVNT 与所有中断程序的关联，并禁用中断事件
—(ENI)	CRETI	从中断有条件返回指令可用于根据前面的程序逻辑的条件从中断返回	CLR_EVNT: EN, ENO, EVNT	CEVENT EVNT	清除中断事件指令从中断队列中移除所有类型为 EVNT 的中断事件。使用该指令可将不需要的中断事件从中断队列中清除。如果该指令用于清除假中断事件，则应在从队列中清除事件之前分离事件。否则，在执行清除事件指令后，将向队列中添加新事件

4. 创建中断程序

默认情况下，STEP 7-Micro/WIN SMART 会在项目中提供一个空白中断。如果不需要，则可将其删除，也可用其来对中断程序编程。

要创建新的中断程序，可使用下列方法之一：

（1）在“编辑”（Edit）菜单功能区的“插入”（Insert）区域，单击“对象”（Object）下拉列表按钮，然后选择“中断”（Interrupt）。

（2）在项目树中，右键单击“程序块”（Program Block）文件夹，然后选择“插入”→“中断”（Insert>Interrupt）。

程序编辑器将打开新的中断程序，并在顶部显示一个新选项卡，用来表示该新中断程序。

一个程序中总共可有 128 个中断。在中断各自的优先级分配范围内，PLC 按“先来先处理”的原则处理中断。

5. 中断程序实例

中断程序实例见表 3-34。

表 3-34　中断程序实例

梯形图	说明	语句表
SM0.1 ATCH EN ENO INT_0 INT 1 EVNT (ENI)	第一次扫描时 1. 将中断程序 INT_0 定义为 I0.0 的下降沿中断 2. 全局启用中断	Network 1 LD SM0.1 ATCH INT_0,1 ENI
SM5.0 DTCH EN ENO 1 EVNT	如果检测到 I/O 错误，则禁用 I0.0 的下降沿中断（此程序段可选）	Network 2 LD SM5.0 DTCH 1
M5.0 (DISI)	M5.0 接通时，会禁用所有中断。禁用时，所连接中断事件将排队，但是不会执行相应的中断程序，直至使用 ENI 指令重新启用中断	Network 3 LD M5.0 DISI
SM5.0 (RETI)	I0.0 下降沿中断程序：基于 I/O 错误的有条件返回	Network 1 LD SM5.0 CRETI

练习题三

1. MW0 是由________、________两个字节组成；其中________是 MW0 高字节，________是 MW0 的低字节。

2. QD10 是由________、________、________、________字节组成的。

3. WORD（字）是 16 位________符号数，INT（整数）是 16 位________符号数。

4. &VB100 和 * VD200 分别用来表示什么？

5. 将累加器 1 的高字中内容送入 MW0，低字中内容送入 MW2。

6. 使用算术运算指令实现［8+9×6/（12+10）］/（6-2）运算，并将结果保存在 MW10 中。

7. 使用逻辑运算指令将 MW0 和 MW10 合并后分别送到 MD20 的低字和高字中。

8. 将一个 16 位有符号整数（2800）转换成（0.0~1.0）之间的实数，结果存入 VD200。

9. 将一个实数 0.75 转换成一个有符号整数（INT），结果存入 AQW16。

10. 半径（<10000 的整数）在 VW10 中，取圆周率为 3.1416，用数学运算指令计算圆周长，运算结果四舍五入转换为整数后，存放在 VW20 中。

11. 有一个 20 层的电梯，轿厢所在楼层数存放于 VW100 中，将之转换成 BCD 码，并在电梯外显示楼层数。

12. 在 I0.2 的下降沿，将变量存储区 VW20~VW40 清零。

13. 立即 I/O 指令有何特点？它应用于什么场合？

学习情景四　顺序控制系统的编程及应用

任务分解

任务一　顺序控制编程

任务二　PLC 通信介绍

学习目标

知识目标

掌握 PLC 顺序控制编程语言、通信、编程软件的使用等。

技能目标

掌握 PLC 的结构及硬件连线。

编程软件的熟练应用。

职业素养目标

养成严谨认真的工作态度，培养环保意识、节约意识、团队协作意识。

任务一　顺序控制编程

一、顺序功能图

1. 顺序功能图简介

顺序功能图又称作功能流程图或状态转移图，它是一种描述顺序控制系统的图形表示方法，是专用于工业顺序控制程序设计的一种功能性说明语言。它能完整地描述控制系统的工作过程、功能和特性，是分析、设计电气控制系统控制程序的重要工具。它很容易被初学者接受，还能帮助有经验的工程师提高设计的效率，另外，用这种方法进行程序的阅读、调试、修改都比较方便。这种方法是当前 PLC 程序设计的主要方法。

2. 顺序功能图的组成

顺序功能图主要由步、转换、转换条件、有向连线、动作等元素组成。

（1）步。步有时也称状态，是控制系统中一个相对不变的性质，对应于一个稳定的情形。顺序功能图最基本的思想是将系统的一个工作周期划分为若干个顺序相连的步。

1）初始状态是功能图运行的起点，一个控制系统至少要有一个初始状态，初始状态的图形符号为双线的矩形框，如图 4-1b 所示。

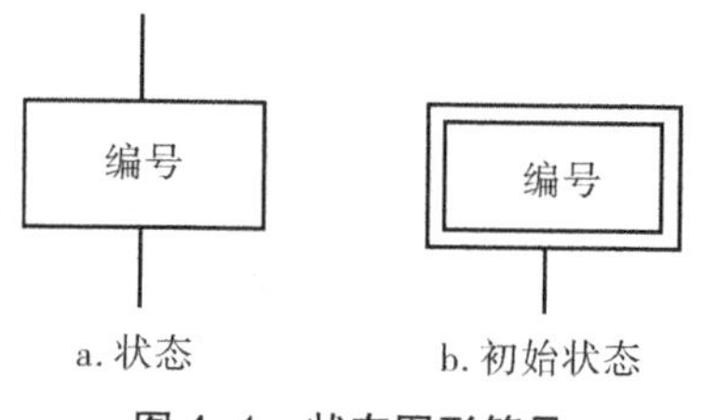

图 4-1　状态图形符号

2）工作状态。工作状态是控制系统正常运行时的状态。如机械手复位是一种状态，机械手夹持工件也是一种状态。

3）与状态对应的动作在每个稳定的状态下，一般会有相应的动作，如图 4-2 所示。

（2）转移及转移条件。从一个状态转到另一个状态，就是转移。转移是一种条件，当此条件成立时，称作转移使能。转移条件是指使系统从一个状态向另一个状态转移的必要条件，通常用文字、逻辑方程及符号来表示。转移的方向用一个有向线段来表示，两个状态之间的有向线段上再用一段横线表示这一转移。转移的符号如图 4-3 所示。

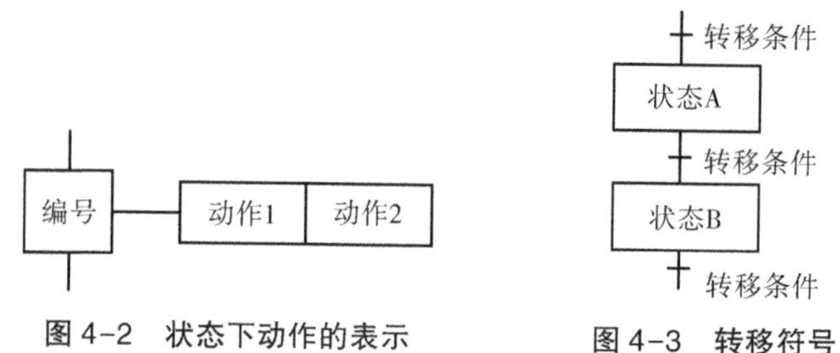

图 4-2　状态下动作的表示　　**图 4-3　转移符号**

要实现转移必须同时满足两个条件：该转换的前一状态都必须是活动状态；相应的转换条件得到满足。转换实现时应完成两个操作：后续状态都变为活动状态；前级状态都变为不活动状态。

3. *顺序功能图的构成规则*

控制系统功能图的绘制必须满足以下规则：

（1）步与步不能直接相连，必须用转移分开。

（2）转换与转换不能直接相连，必须用状态分开。

（3）步与转换、转换与步之间的连接采用有向线段，从上向下画时，可以省略箭头；从下向上画时，必须画上箭头，以表示方向。

（4）一个功能图至少要有一个初始状态。在顺序功能图中一般应有状态和有向线段组成的闭环。

（5）自动控制系统应能多次重复完成某一控制过程，要求系统可以循环执行某一程序，因此顺序功能图应是一个闭环，即在完成一次工艺过程的全部操作后，应从最后一步返回初始步，系统停留在初始状态（单周期操作）；在连续循环工作方式下，系统应从最后一步返回下一工作周期开始运行的第一步。

4. 顺序功能图的结构类型

顺序功能图主要有 3 种类型：单序列、选择序列、并行序列。

（1）单序列结构。单序列结构的顺序功能图是最简单的顺序功能图。每一步后面只有一个转换，每个转换后面只有一步。各个工步按顺序执行。上一工步执行结束，转换条件成立，立即开通下一工步，同时结束上一工步。图 4-4 为一个单序列功能图。

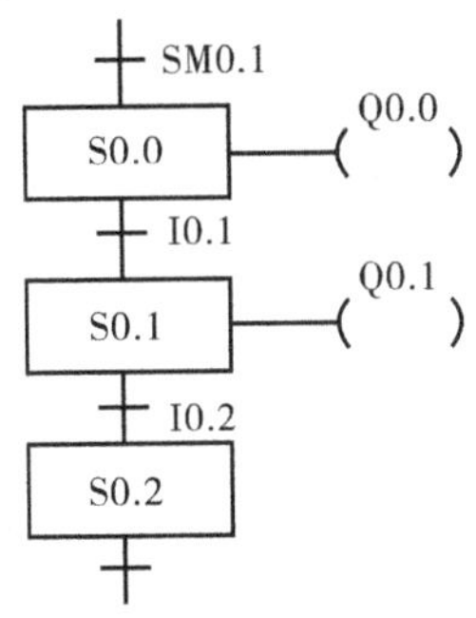

图 4-4　单序列功能图

（2）选择序列结构。选择序列的顺序功能流程图的特点是有几条分支，需要进行选择。选择序列的开始称为分支，转换符号只能标在水平线之下。并行序列选择序列的合并是指几个选择序列合并到一个公共序列，此时，用需要重新组合的序列相同数量的转换符号和水平连线来表示，转换符号只允许在水平连线之上。选择序列功能图如图 4-5 所示。

（3）并行序列结构。并行序列用来表示系统的几个同时工作的独立部分情况。并行序列的开始称为分支。当转换的实现导致几个序列同时激活时，这些序列称为并行序列。并行序列功能图如图 4-6 所示。

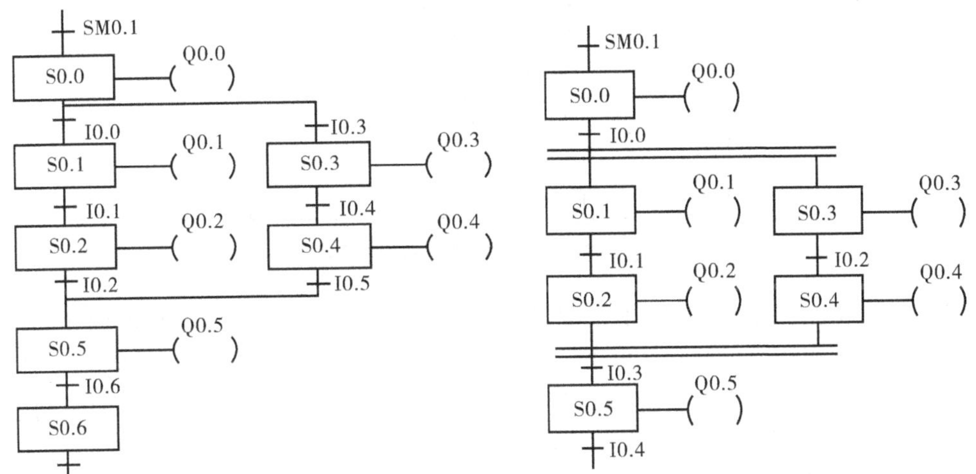

图 4-5　选择序列功能图　　　　图 4-6　并行序列功能图

除以上 3 种类型之外，还有跳转和循环结构。跳转和循环结构的功能图如图 4-7 所示。

二、顺序功能图的编程方法

1. 启保停设计法

启保停电路仅仅使用与触点和线圈有关的指令，任何一种 PLC 的指令系统都有这一类指令，因此这是一种通用的编程方法，可以用于任意型号的 PLC 。

设计启保停电路的关键是找出它的启动条件和停止条件。根据转换实现的基本规则，转换实现的条件是它的前级步为活动步，并且满足相应的转换条件。在启保停电路中，则应将代表前级步的存储器位（Mx. x）的常开触点和代表转换条件的如（Ix. x）的常开触点串联，作为控制下一位的启动电路。

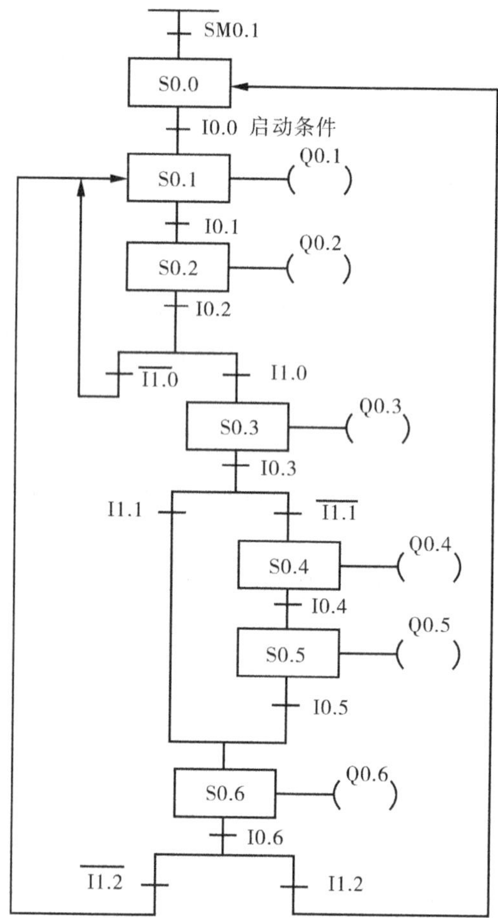

图 4-7　跳转和循环结构功能图

例　在小车自动往返电路中，按下启动按钮（I0.0），小车从 A 地向 B 地前进（Q0.0），当碰到行程开关 SQ1（I0.2）时，小车停止前进，然后自动由 B 地向 A 地返回（Q0.1），当小车后退到 A 地，碰到行程开关 SQ2（I0.3）时，停止后退，并再次按下启动按钮，然后循环工作，如图 4-8、图 4-9 所示。

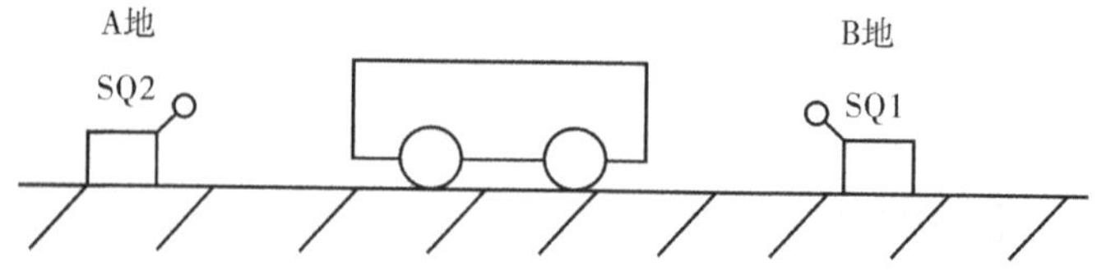

图 4-8　小车自动往返示意图

2. 置位/复位设计法

在使用 S/R 指令设计顺序控制程序时，将各转换的所有前级步对应的常开触点与条件转换对应的触点或电路串联，该串联电路即启保停电路中的启动电路，用它作为使所有后续步置位（使用 S 指令）和使所有前级步复位（使用 R 指令）的条件。在任何情况下，各步的控制电路都可以用这一原则来设计，每一个转换对应一个这样的控制置位和复位的电路块，有多少个转换就有多少个这样的电路块。这种设计方法特别有规律可循，梯形图与转换实现的基本规则之间有着严格的对应关系，在设计复杂的顺序功能图的梯形图时，既容易掌握，又不容易出错。

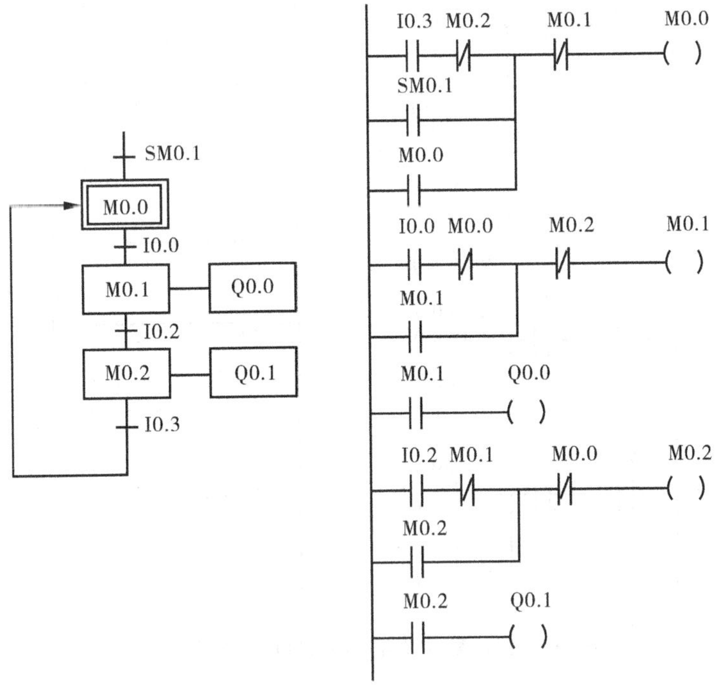

图 4-9　小车自动往返顺序功能图及梯形图

（1）选择序列的编程方法如图 4-10、图 4-11 所示。

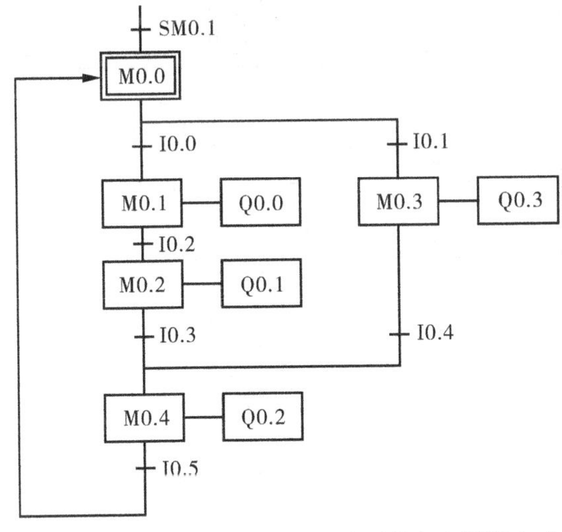

图 4-10　置位/复位设计法中选择序列编程实例顺序功能图

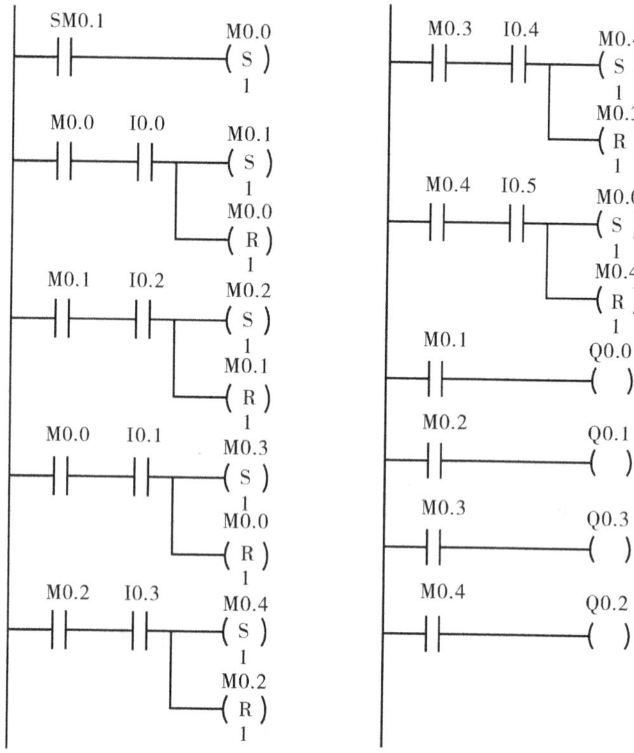

图 4-11　置位/复位设计法中选择序列编程实例程序

（2）并行序列的编程方法如图 4-12、图 4-13 所示。

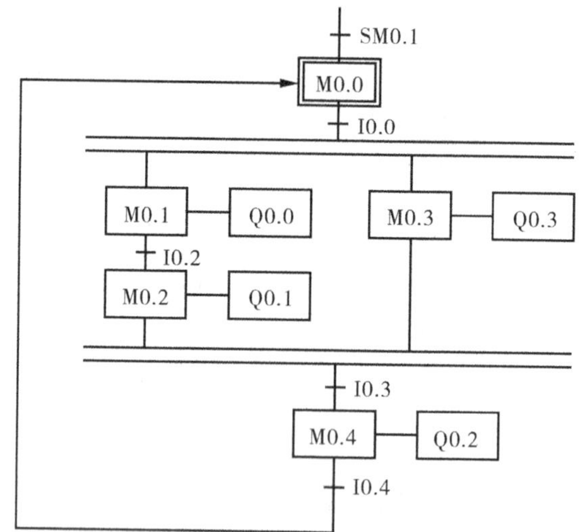

图 4-12　置位/复位设计法中并行序列编程实例顺序功能图

3. 顺序控制功能指令

顺序控制指令是 PLC 生产厂家为用户提供的可使功能图编程简单化和规范化的指令。S7-200 SMART PLC 提供了四条顺序控制指令，其中最后一条条件顺序状态结束指令 CSCRE 使用较少。它们的 STL 和 LAD 形式和功能见表 4-1。

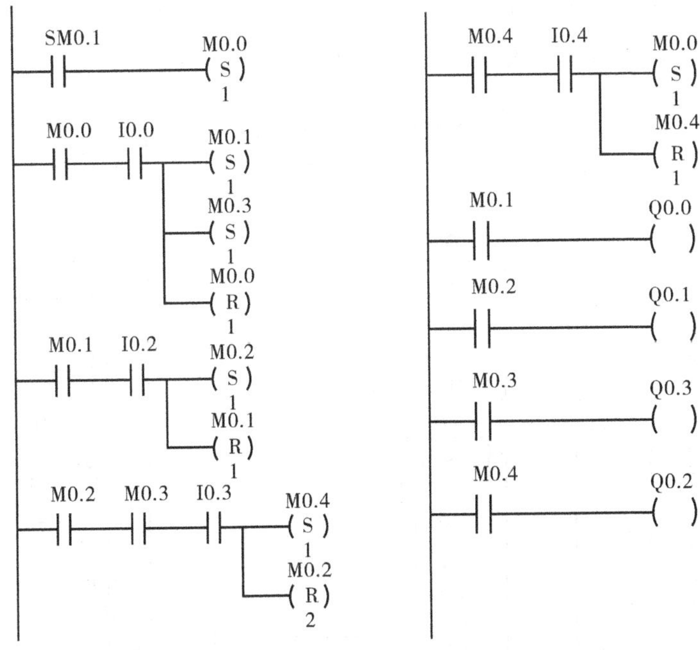

图 4-13　置位/复位设计法中并行序列编程实例程序

表 4-1　顺序控制指令的形式和功能

梯形图	语句表	说明
S_bit SCR	LSCR S_bit	SCR 指令将该指令所引用的 S 位的值装载到 SCR 和逻辑堆栈。得出的 SCR 堆栈的值会接通或断开 SCR 堆栈。SCR 堆栈的值会被复制到逻辑堆栈的栈顶，以便使 LAD 功能框或输出线圈可直接与左侧电源线相连，无须在前面使用触点指令
S_bit (SCRT)	SCRT S_bit	SCRT 指令标识要启用的 SCR 位（要设置的下一个 S_bit）。能流进入线圈或 FBD 功能框时，CPU 会开启引用的 S_bit，并会关闭 LSCR 指令（启用此 SCR 段的指令）的 S_bit
(SCRE)	CSCRE	对于 STL 和 FBD，启用 CSCRE（有条件 SCR 结束）指令后，会终止执行 SCR 段。对于 LAD，置于 SCRE 线圈前的有条件触点会执行有条件 SCR 结束功能
(SCRE)	SCRE	对于 STL 和 FBD，SCRE（无条件 SCR 结束）指令终止执行 SCR 段。对于 LAD，直接连接到电源线的 SCRE 线圈执行无条件 SCR 结束功能

4. 顺序控制继电器指令设计法

（1）单序列的编程方法如图 4-14、图 4-15 所示。

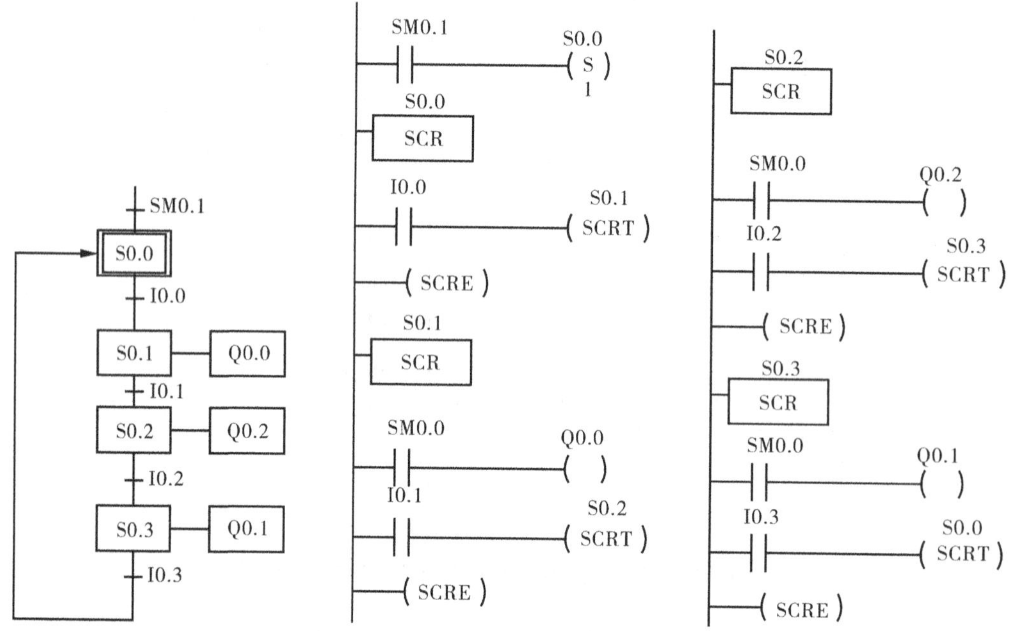

图 4-14　单序列编程实例顺序功能图

图 4-15　单序列编程实例程序

（2）并行序列编程方法如图 4-16、图 4-17 所示。

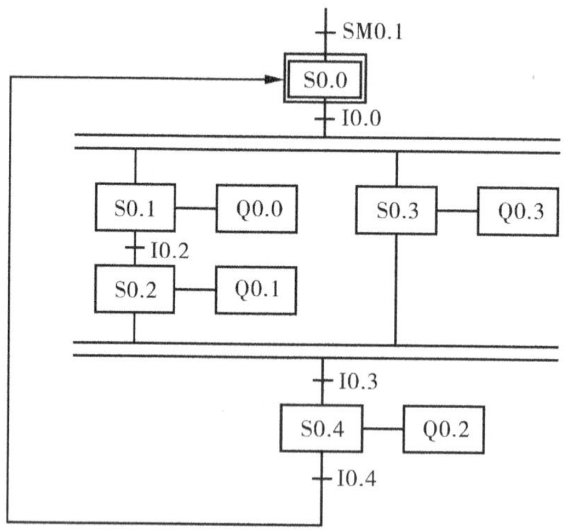

图 4-16　顺序控制继电器指令设计法中并行序列编程实例顺序功能图

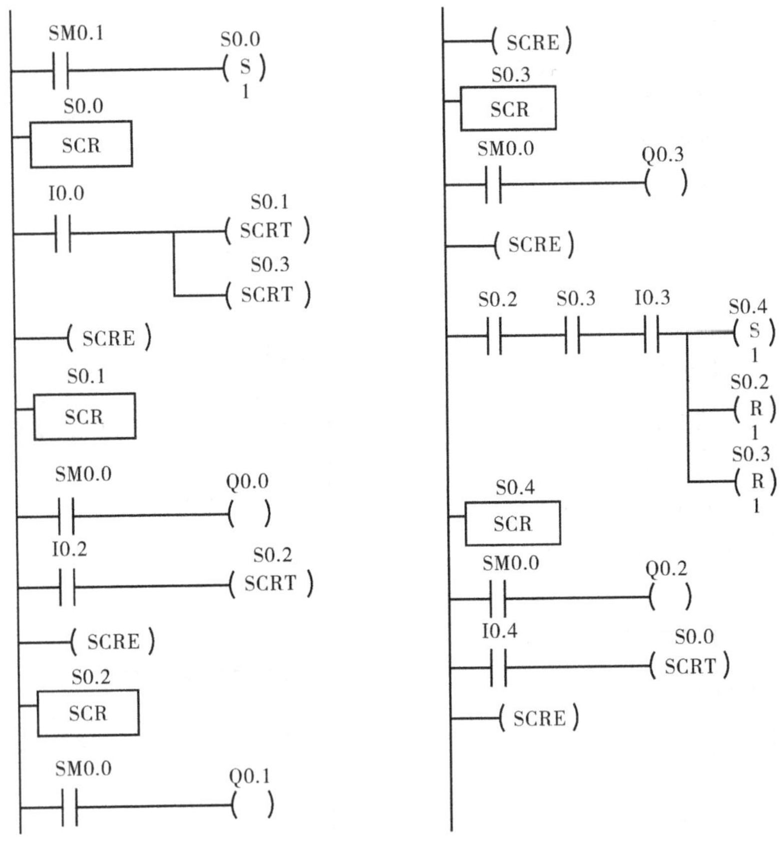

图 4-17　顺序控制继电器指令设计法中并行序列编程实例程序

（3）选择序列编程方法如图 4-18、图 4-19 所示。

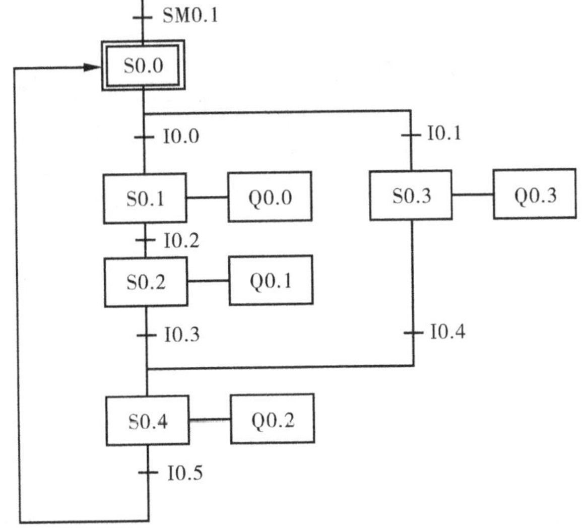

图 4-18　顺序控制继电器指令设计法中选择序列编程实例顺序功能图

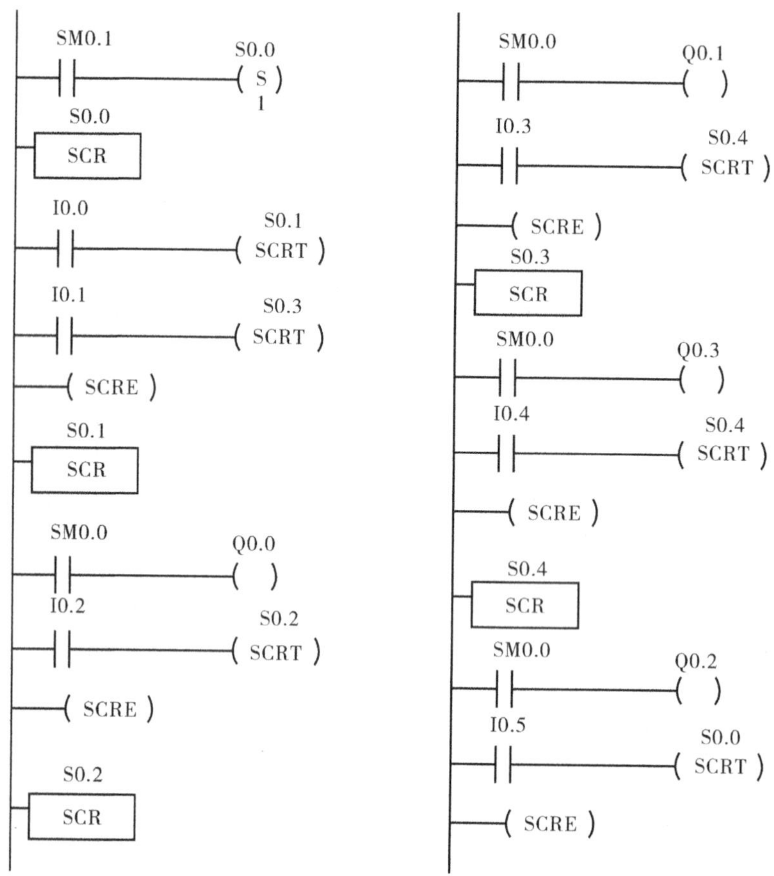

图 4-19　顺序控制继电器指令设计法中选择序列编程实例程序

例 1　简易机械手的 PLC 控制。

（1）系统控制要求。简易机械手结构如图 4-20 所示。M1 为控制机械手左右移动的电动机，M2 为控制机械手上下升降的电动机，YV 电磁阀线圈用来控制机械手夹紧放松，SQ1 为左限位检测开关，SQ2 为右限位检测开关，SQ3 为上限位检测开关，SQ4 为下限位检测开关，SQ5 为工件检测开关。

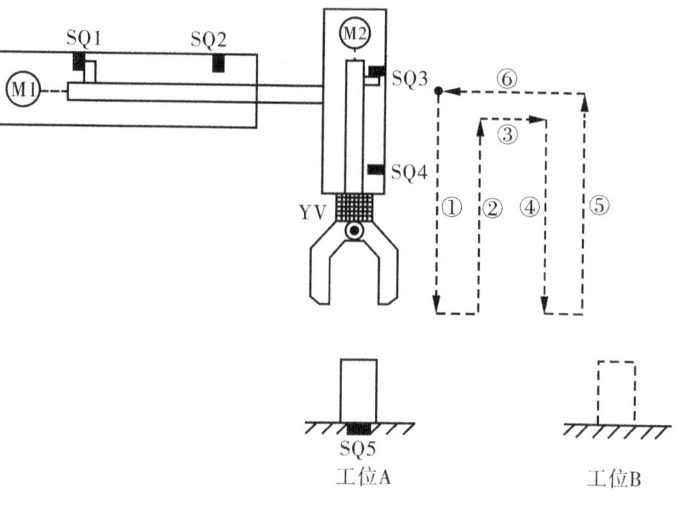

图 4-20　简易机械手结构

简易机械手控制要求如下：

1）机械手要将工件从工位 A 移到工位 B 处。

2）机械手的初始状态（原点条件）是机械手应停在工位 A 的上方，感应开关 SQ1、SQ3 均闭合。

3）若原点条件满足且 SQ5 闭合（工位 A 处检测到有工件），按下启动按钮，机械手按“原点→下降→夹紧→上升→右移→下降→放松→上升→左移→原点”步骤工作。

（2）I/O 接口分配见表 4-2。

表 4-2　简易机械手控制的 I/O 接口分配

输入元件	输入地址	作用	输出元件	输出地址	作用
SB1	I0.0	启动按钮	KM1 线圈	Q0.0	机械手右移
SB2	I0.1	停止按钮	KM2 线圈	Q0.1	机械手左移
SQ1	I0.2	左限位	KM3 线圈	Q0.2	机械手下移
SQ2	I0.3	右限位	KM4 线圈	Q0.3	机械手上移
SQ3	I0.4	上限位	YV 线圈	Q0.4	机械手夹紧
SQ4	I0.5	下限位			
SQ5	I0.6	工件检测			

（3）系统硬件接线图如图 4-21 所示。

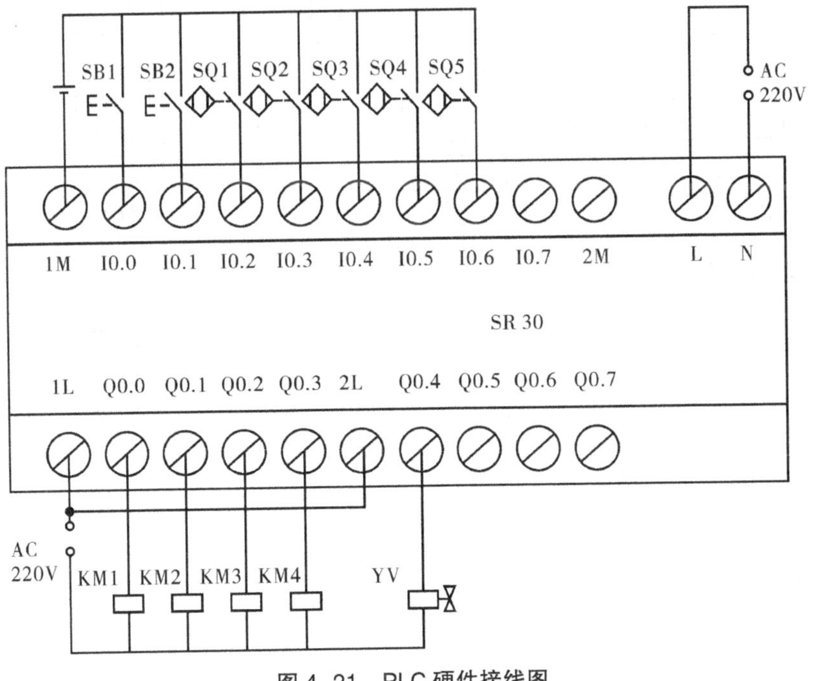

图 4-21　PLC 硬件接线图

（4）系统功能图和程序如图 4-22、图 4-23 所示。

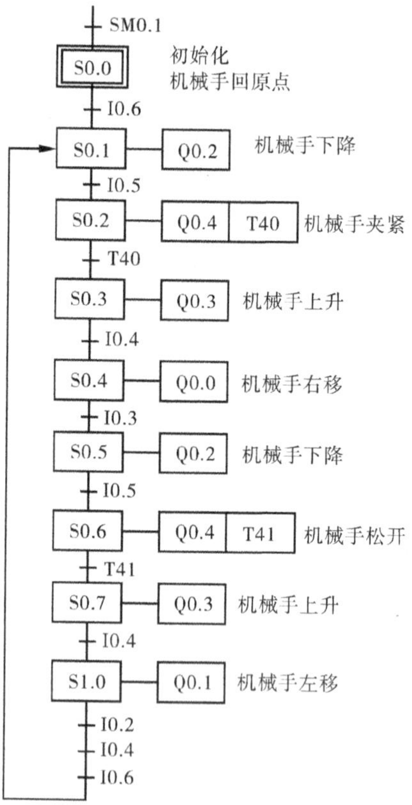

图 4-22　机械手系统功能图

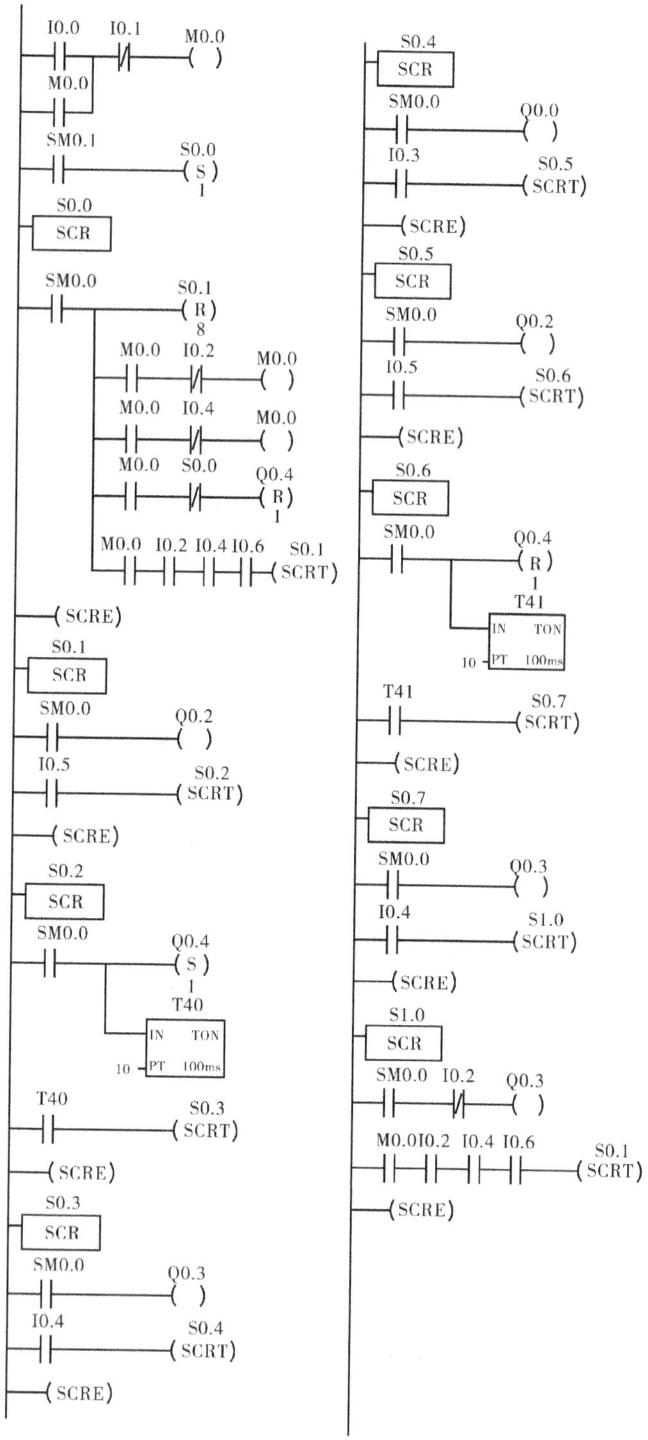

图 4-23　机械手控制系统 PLC 程序

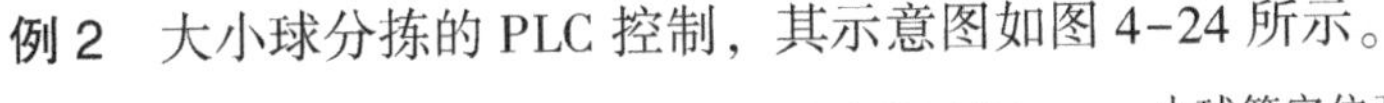

例 2　大小球分拣的 PLC 控制，其示意图如图 4-24 所示。

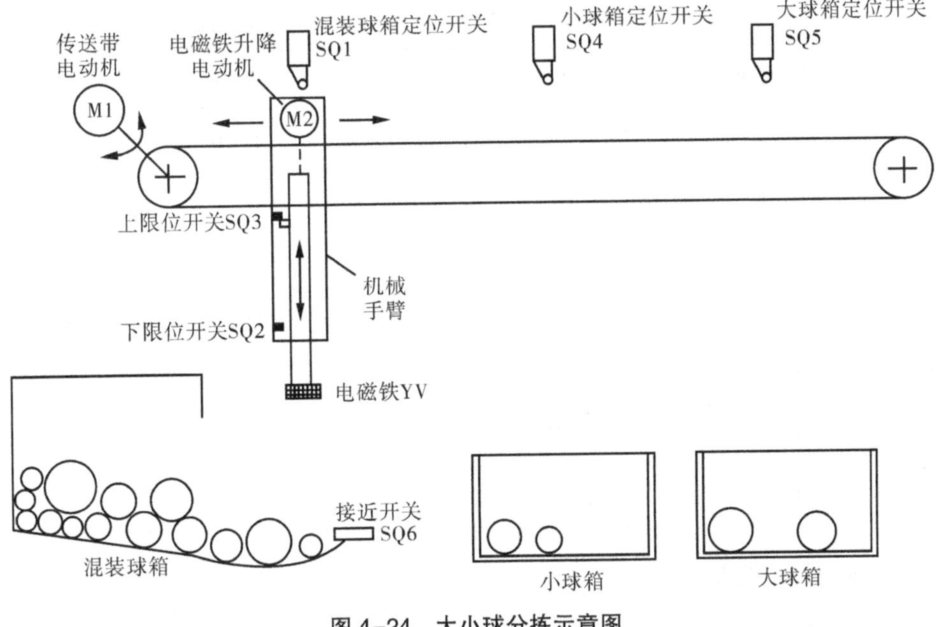

图 4-24　大小球分拣示意图

（1）系统控制要求。大小铁球分拣机结构如图 4-24 所示。M1 为传送带电动机，通过传送带驱动机械手臂左向或右向移动；M2 为电磁铁升降电动机，用于驱动电磁铁 YV 上移或下移；SQ1、SQ4、SQ5 分别为混装球箱、小球箱、大球箱的定位开关，当机械手臂移到某球箱上方时，相应的定位开关闭合；SQ6 为接近开关，当铁球靠近时开关闭合，表示电磁铁下方有球存在。

大小铁球分拣机控制要求及工作过程如下：

1）分拣机要从混装球箱中将大小球分拣出来，并将小球放入小球箱内，大球放入大球箱内。

2）分拣机的初始状态（原点条件）是机械手臂应停在混装球箱上方，SQ1、SQ3 均合。

3）在工作时，若 SQ6 闭合，则电动机 M2 驱动电磁铁下移，2s 后，给电磁铁通电从混装球箱中吸引铁球，若此时 SQ2 断开，表示吸引的是大球，若 SQ2 闭合，则表示吸引的是小球，然后电磁铁上移，SQ3 闭合后，电动机 M1 带动机械手臂右移，如果电磁铁吸引的为小球，机械手臂移至 SQ4 处停止，电磁铁下移，将小球放入小球箱（让电磁铁失电），而后电磁铁上移，机械手臂回归原位，如果电磁铁吸引的是大球，机械手臂移至 SQ5 处停止，电磁铁下移，将大球放入大球箱，而后电磁铁上移，机械手臂回归原位。

（2）I/O 接口分配见表 4-3。

表 4-3　大小球分拣 PLC 控制的 I/O 接口分配

输入元件	输入地址	作用	输出元件	输出地址	作用
SA	I0. 0	启动开关	KM1 线圈	Q0. 0	电磁铁上升
SQ1	I0. 1	混装箱限位	KM2 线圈	Q0. 1	电磁铁下降
SQ2	I0. 2	电磁铁下限位	KM3 线圈	Q0. 2	机械手左移
SQ3	I0. 3	电磁铁上限位	KM4 线圈	Q0. 3	机械手右移
SQ4	I0. 4	小球箱限位	YV 线圈	Q0. 4	电磁铁吸合
SQ5	I0. 5	大球箱限位			
SQ6	I0. 6	铁球检测			

（3）系统硬件接线图如图 4-25 所示。

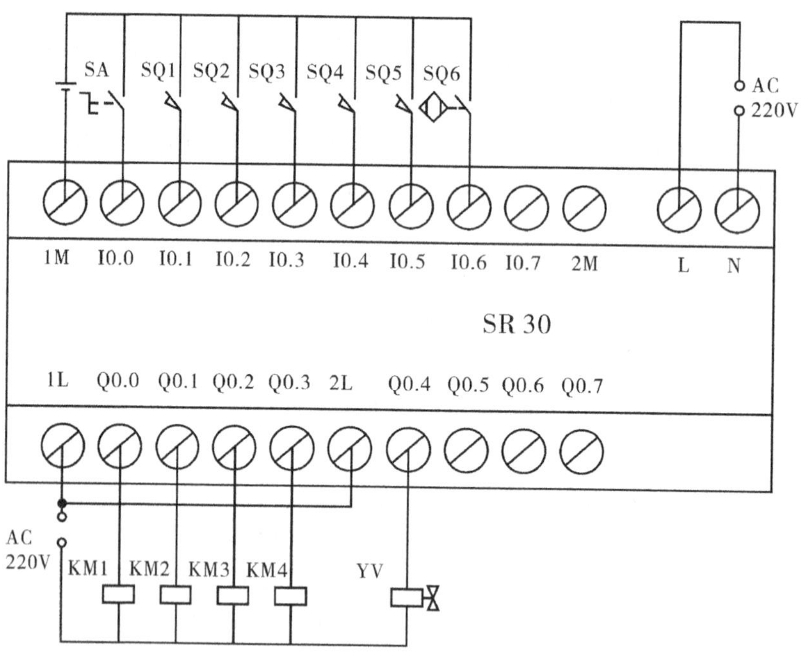

图 4-25　PLC 硬件接线图

(4) 系统功能图和程序如图 4-26、图 4-27 所示。

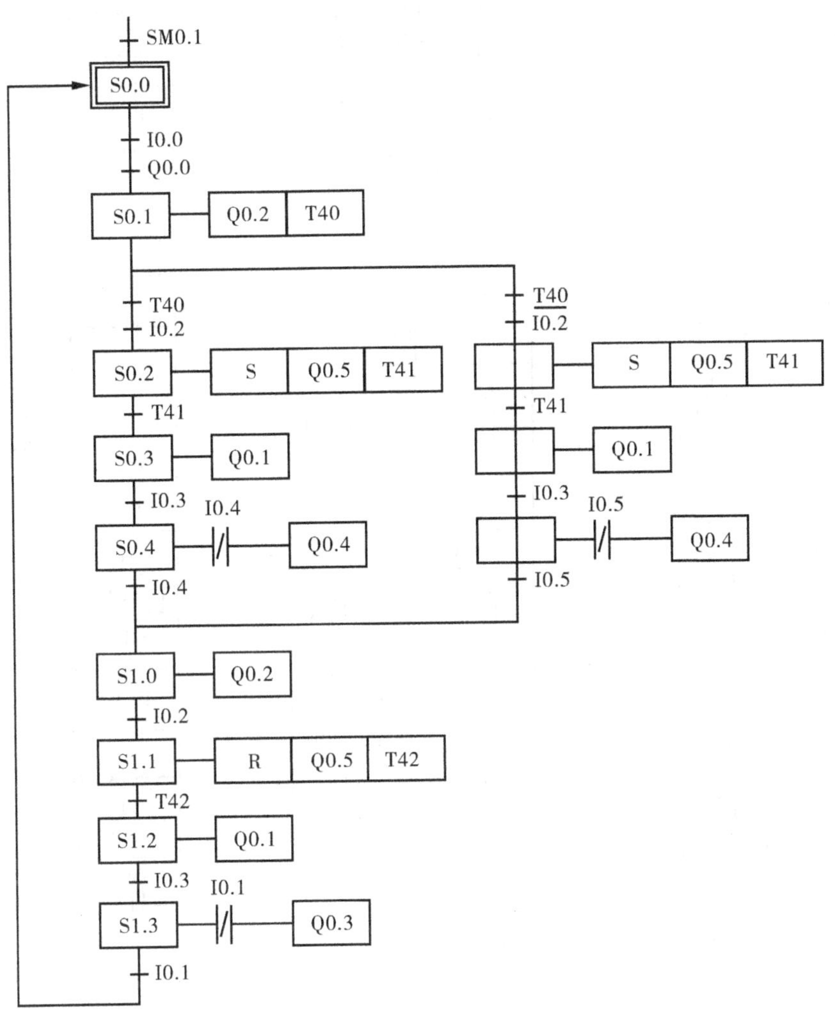

图 4-26 大小球控制系统功能图

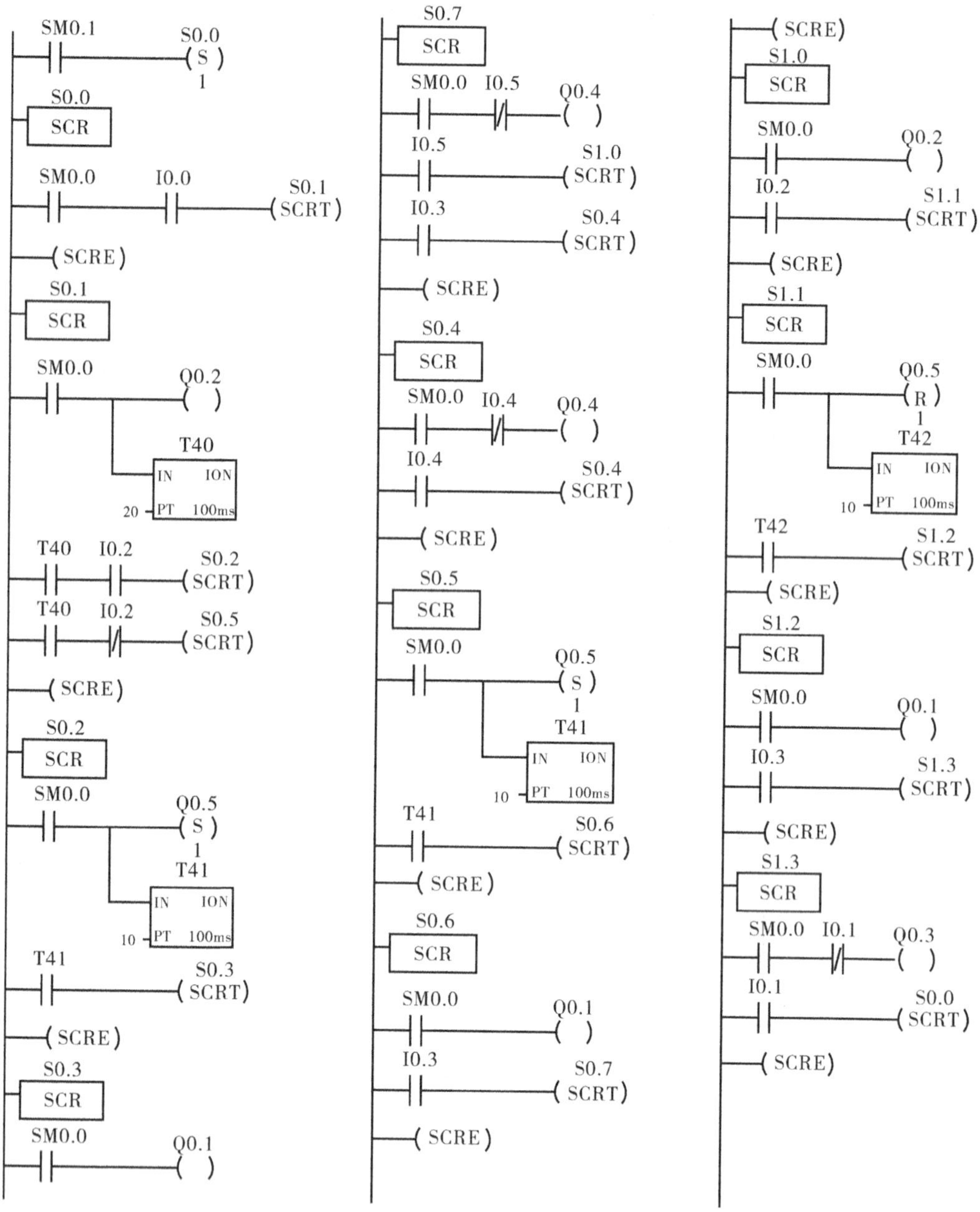

SM0.1 S0.0 (S) 1
S0.0 SCR
SM0.0 I0.0 S0.1 (SCRT)
(SCRE)
S0.1 SCR
SM0.0 Q0.2 ( )
T40 IN ION 20 PT 100ms
T40 I0.2 S0.2 (SCRT)
T40 I0.2 S0.5 (SCRT)
(SCRE)
S0.2 SCR
SM0.0 Q0.5 (S) 1
T41 IN ION 10 PT 100ms
T41 S0.3 (SCRT)
(SCRE)
S0.3 SCR
SM0.0 Q0.1 ( )

S0.7 SCR
SM0.0 I0.5 Q0.4 ( )
I0.5 S1.0 (SCRT)
I0.3 S0.4 (SCRT)
(SCRE)
S0.4 SCR
SM0.0 I0.4 Q0.4 ( )
I0.4 S0.4 (SCRT)
(SCRE)
S0.5 SCR
SM0.0 Q0.5 (S) 1
T41 IN ION 10 PT 100ms
T41 S0.6 (SCRT)
(SCRE)
S0.6 SCR
SM0.0 Q0.1 ( )
I0.3 S0.7 (SCRT)
(SCRE)

(SCRE)
S1.0 SCR
SM0.0 Q0.2 ( )
I0.2 S1.1 (SCRT)
(SCRE)
S1.1 SCR
SM0.0 Q0.5 (R) 1
T42 IN ION 10 PT 100ms
T42 S1.2 (SCRT)
(SCRE)
S1.2 SCR
SM0.0 Q0.1 ( )
I0.3 S1.3 (SCRT)
(SCRE)
S1.3 SCR
SM0.0 I0.1 Q0.3 ( )
I0.1 S0.0 (SCRT)
(SCRE)

图 4-27 大小球 PLC 控制程序

任务二 PLC 通信介绍

随着现代工业的迅速发展，PLC 的应用范围越来越广，现代企业的自动化程度也越来越高。在超大型、大型控制系统中，由于控制任务复杂，已经出现了仅靠增强 PLC 单机的控制功能及点数难以胜任复杂生产需要的现象，PLC 厂家为了适应这种需要和便于对 PLC 进行监控，均开发了各自的 PLC 通信技术及 PLC 通信网络。PLC 通信的目的是提高系统的控制功能和范围，将分布在不同位置的 PLC、PLC 与计算机、PLC 与智能设备通过传送介质连接来实现数据传输，以构成功能更强大的控制系统。

PLC 通信技术的发展，极大地提高了 PLC 的控制范围和规模，实现了多个设备之间的数据共享和协调控制，提高了控制系统的可靠性和灵活性，增加了系统监控和科学管理水平，便于用户程序的开发和应用。

一、基本概念与常用术语

1. 数据

数据可分为数字数据和模拟数据两种。数字数据是指在时间上离散的、幅值上经过量化的数据，它一般是由 0、1 的二进制代码组成的数字序列。模拟数据是指在时间和幅值上连续变化的数据，如由传感器接收到的温度、压力、流量信号等。

2. 数据通信

数据通信是指在两台或多台设备之间以二进制进行数据交换的过程。

比特率：在数字信道中，比特率是数字信号的传输速率，它用单位时间内传输的二进制代码的有效位（bit）数来表示，其单位为每秒比特数 bit/s（bps）、每秒千比特数（Kbps）或每秒兆比特数（YVps）来表示。

波特率与比特率的关系为：比特率=波特率×单个调制状态对应的二进制位数。

3. 数据传输速率

信息传输速率：数据通信系统在单位时间内能够传输的用户信息量。信息传输速率一般小于信号速率。

二、数据传送方式

1. 串行数据传送和并行数据传送

（1）并行数据传送。并行数据传送所有数据位是同时进行的，以字或字节为单位传送。其特点是传输速度快，但通信线路多、成本高，适合近距离数据高速传送。PLC 通信系统中，并行通信方式一般运用于各内部元件、主机与扩展模块或近距离智能模板的处理器之间。

（2）串行数据传送。串行数据传送时所有数据都是按位（bit）进行的。因为串行通信仅需要一对数据线就可以，所以在长距离数据传送中较为合适。PLC 网络传送数据的方式绝大多数为串行方式，而计算机或 PLC 内部数据处理、存储都是并行的。若要串行发送、接收数据，则要进行相应的串行、并行数据转换，即在数据发送前，要把并行数据先转换成串行数据；而在数据接收后，把串行数据转换成并行数据后再处理。

2. 异步传送方式与同步传送方式

串行通信数据的传送是一位一位分时进行的。串行通信根据其数据传输方式的不同可以分为异步传送方式和同步传送方式。

（1）异步传送方式。又称起止方式。它在发送字符时，要先发送起始位，然后才是字符本身，最后是停止位。字符之后还可以加入奇偶校验位。异步传送较为简单，但要增加传送位会影响传输速率。异步传送是靠起始位和波特率来保持同步的。

（2）同步传送方式。在传送数据的同时，也传递时钟同步信号，并始终按照给定的时刻采集数据。同步方式传递数据虽提高了数据的传输速率，但对通信系统要求较高。

三、数据传输的方向

通信数据按通信线路进行传送的方向的不同可分为单工、半双工和全双工三种方式。

（1）单工通信方式。单工通信是指数据的传送始终保持同一个方向，但不能进行反方向传送。

（2）半双工通信方式。半双工通信是指数据可以沿着两个方向传输，但在某一时刻只能沿着一个方向传输。

（3）全双工通信方式。全双工通信是指数据可以同时沿着两个方向传输。

四、通信传输介质

有线通信采用的传输介质主要有双绞线、同轴电缆和光缆。

（1）双绞线。电缆双绞线是将两根导线扭在一起，以减少电磁波的干扰，如果再加上屏蔽套层，则抗干扰能力更好。双绞线的成本低、安装简单，RS-232C、RS-422A 和 RS-485 等接口多通过双绞线进行通信。

（2）同轴电缆。同轴电缆的结构从内到外依次为内导体（芯线）、绝缘线、屏蔽层及外保护层。由于从截面看这 4 层构成了 4 个同心圆，故称为同轴电缆。根据通频带不同，同轴电缆可分为基带和宽带两种，其中基带同轴电缆常用于 Ethernet（以太网）中。同轴电缆的传送速度高、传输距离远，但价格比双绞线高。

（3）光缆。光缆是由石英玻璃经特殊工艺拉成细丝结构，这种细丝比头发丝还要细，但它能传输的数据量却是巨大的。它以光的形式传输信号，其优点是传输的是数字光脉冲信号，不会受电磁干扰，不怕雷击，不易被窃听，数据传输安全性好，传输距离长，且带宽宽、传输速度快。但由于通信双方发送和接收的都是电信号，因此通信双方都需要价格昂贵的光纤设备进行光电转换。另外，光纤连接头的制作与光纤连接需要专门工具和专门的技术人员。

五、串行通信接口标准

在工业计算机网络中，在设备或网络之间大多采用串行通信方式传送数据，常用的串行通信接口见表 4-4。

表 4-4　常用的串行通信接口

名称	接口说明	信号线连接方式
RS-232C	（1）RS-232C 接口是 1969 年由美国电子工业协会公布的 PLC 串行通信接口标准 （2）“RS”是英文推荐标准一词的缩写，“232”是标示号，“C”表示修改定数 （3）它既是一种协议标准，又是一种电气标准，它规定了终端和通信设备之间信息交换的方式和功能。表格中所示为 RS-232C 的信号线连接方式	计算机：TD、RD、GHD；PLC：TD、RD、GHD RS-232C的信号线连接

续表

名称	接口说明	信号线连接方式
RS-422A	（1）美国电子工业协会于1977年制定了新的串行通信标准RS-499。RS-422A是RS-499标准的子集 （2）RS-422A接口传输线采用差动接收和差动发送的方式传送数据，也有较高的通信速率（波特率可达10YVps以上）和较强的抗干扰能力，适合远距离传输，工厂应用较多。表格中所示为RS-422A信号线的连接方式	TXD RXD RXD TXD RS-422A的信号线连接
RS-485	（1）RS-485接口是RS-422的变型 （2）RS-485接口传输线采用差动接收和平衡发送的方式传送数据，有较高的通信速率（波特率可达10YVps以上）和较强的抑制共模干扰能力及和多站能力等特点，所以在工业计算机通信中使用最广。表格中所示为RS-485信号线的连接方式	TXD RXD RXD TXD RS-485的信号线连接

六、自由口通信

自由口通信是基于RS-485通信基础的半双工通信，西门子S7-200 SMART PLC拥有自由口通信功能，即没有标准的通信协议，用户可以自己规定协议。第三方设备大多数支持RS-485串口通信，西门子S7-200 SMART PLC可以通过自由口通信模式实现串口通信。自由口通信的核心就是发送（XMT）和接收（RCV）两条指令，以及对相应的特殊寄存器的控制。由于S7-200 SMART CPU通信端口是RS-485半双工通信口，因此发送和接收不能同时处于激活状态。RS-485半双工通信串口通信的格式可以包括1个起始位、7或8位字符（数据字节）、1个奇/偶校验（或没有检验位）、1个停止位。

标准的S7-200 SMART只有一个串口（为RS-485），为Port0口；还可以扩展一个信号板，这个信号板在组态时设定为RS-485或者RS-232，为Port1口。自由口通信传输速率可以设置为1200bit/s、2400bit/s、4800bit/s、9600bit/s、19 200bit/s、38 400bit/s、57 600bit/s或115 200bit/s。凡是符合这些格式的串口通信设备，理论上都可以和S7-200 SMART CPU通信。自由口模式可以灵活应用。STEP 7-Micro/ WIN SMART的两个指令库（USS和Modbus RTU）就是使用自由口模式编程实现的。

七、以太网通信

S7协议是专门为西门子优化产品控制而设计的通信协议，它是面向连接的协议，在进行数据交换之前，必须与通信伙伴建立连接。连接是指两个通信伙伴之间为了执行通信服务建立的逻辑链路，而不是指两个站之间用物理媒体（如电缆）实现的连接。S7连接是需要组态的静态连接，静态连接要占用CPU的连接资源。基于连接的通信分为单向连接和双向连接，S7-200 SMART只有单向连接功能。单向连接中的客户机是向服务器请求服务的设备，客户机调用GET/PUT指令读、写服务器的存储区。服务器是通信中的被动方，用户不用编写服务器的S7通信程序，S7通信是由服务器的操作系统完成的。S7-200

SMART 的以太网端口有很强的通信功能，除了一个用于编程计算机的连接，还有 8 个用于 HMI（人机界面）的连接、8 个用于以太网设备的主动的 CET/PUT 连接和 8 个被动的 CET/PUT 连接。上述的 25 个连接可以同时使用。CET/PUT 连接可以用于 S7-200 SMART 之间的以太网通信，也可以用于 S7-200 SMART 与 S7-300/400/1200 之间的以太网通信。

八、USS 通信

西门子公司的变频器都有一个串行通信接口，采用 RS-485 半双工通信方式，以通用串行通信接口协议（Universal Serial Interface Protocol，USS）作为现场监控和调试协议，其设计标准适用于工业环境的应用对象。USS 是主从结构的协议，规定了在 USS 总级上可以有一个主站和最多 30 个从站，总级上的每个从站都有一个站地址（在从站参数中设置），主站依靠它识别每个从站，每个从站也只能对主站发来的报文做出响应并回送报文，从站之间不能直接进行数据通信。另外，还有一种广播通信方式，主站可以同时给所有从站发送报文，从站在接收到报文并做出相应的回应后可不回送报文。

（1）使用 USS 的优点。

1）USS 对硬件设备要求低，减少了设备之间布线的数量。

2）不需要重新布级就可以改变控制功能。

3）可通过串行接口设置来修改变频器的参数。

4）可连续对变频器的特性进行监测和控制。

5）利用 S7-200 SMART PLC CPU 组成 USS 通信的控制网络具有较高的性价比。

（2）S7-200 SMART PLC CPU 通信接口的引脚分配 S7-200 SMART 上的通信接口是与 RS-485 兼容的 D 型连接器。

（3）USS 通信硬件连接。

1）通信注意事项。

A. 在条件允许的情况下，USS 主站尽量选用交流型的 CPU。当使用交流型的 CPU 与单相变频器进行 USS 通信时，CPU 和变频器的电源必须接成同相位。

B. 一般情况下，USS 通信电缆采用双绞线即可，如果干扰比较大，可采用屏蔽双绞线。

C. 在采用屏蔽双绞线作为通信电缆时，把具有不同电位参考点的设备互联后在连接电缆中会形成不应有的电流，这些电流会导致通信错误或设备损坏。要确保通信电级连接的所有设备共用一个公共电路参考点，或是相互隔离以防止干扰电流产生。屏蔽层必须接到外壳地或 9 针连接器的 1 脚。

D. 尽量用较高的通信速率，通信速率只与通信距离有关，与干扰没有关系。

E. 终端电阻的作用是用来防止信号反射的，并不用来抗干扰。如果通信距离很近，在波特率较低或点对点的通信情况下，可不用终端电阻。

F. 不要带电插拔通信电缆，尤其是正在通信过程中，这样极易损坏传动装置和 PIC 的通信端口。

2）S7-200 SMART 与变频器的连接。

将变频器（在此以 MM440 为例）的通信端口 P +（29）和 N -（30）分别接至 S7-200 SMART 通信口的 3 号与 8 号针即可。

练习题四

1. 数据可分为________和________两种。
2. 数据传送方式有________、________、________和________。
3. 数据传输的方向为________、________、________。
4. 什么是顺序控制系统？
5. 在功能图中，什么是步、初始化、状态和转移？
6. 步的划分原则是什么？
7. 编写顺序控制梯形图程序有哪些常用的方法？
8. 编写梯形图程序时要注意哪些问题？
9. 什么是数据通信？
10. 通信传输介质有哪些？

学习情景五　PLC 控制系统的综合应用

任务分析

任务　基于触摸屏、PLC、变频器控制的小车自动往返

学习目标

📖知识目标

掌握 PLC、变频器、触摸屏的综合应用。

📖技能目标

掌握 PLC、变频器的结构及硬件连线。

PLC、触摸屏编程软件的熟练应用。

📖职业素养目标

养成严谨认真的工作态度，培养环保意识、节约意识、团队协作意识。

任务　基于触摸屏、PLC、变频器控制的小车自动往返

一、触摸屏的相关知识

1. 组态软件产生的背景

“组态”的概念是伴随着集散型控制系统（Distributed Control System，简称 DCS）的出现才开始被广大的生产过程自动化技术人员所熟知的。在工业控制技术的不断发展和应用过程中，PC（包括工控机）相比以前的专用系统具有的优势日趋明显。这些优势主要体现在：PC 技术保持了较快的发展速度，各种相关技术成熟；由 PC 构建的工业控制系统具有相对较低的成本；PC 的软件资源和硬件资源丰富，软件之间的互操作性强；基于 PC 的控制系统易于学习和使用，可以容易地得到技术方面的支持。在 PC 技术向工业控制领域的渗透中，组态软件占据着非常特殊而且重要的地位。

组态软件的出现，把用户从这些困境中解脱出来，可以利用组态软件的功能，构建一套最适合自己的应用系统。随着它的快速发展，实时数据库、实时控制、SCADA、通信及联网、开放数据接口、对 I/O 设备的广泛支持已经成为它的主要内容，随着技术的发展，监控组态软件将会不断被赋予新的内容。

2. 安装 MCGS 嵌入版组态软件

在安装程序窗口中单击“安装组态软件”，弹出安装程序窗口。单击“下一步”，启动安装程序，如图 5-1 所示。

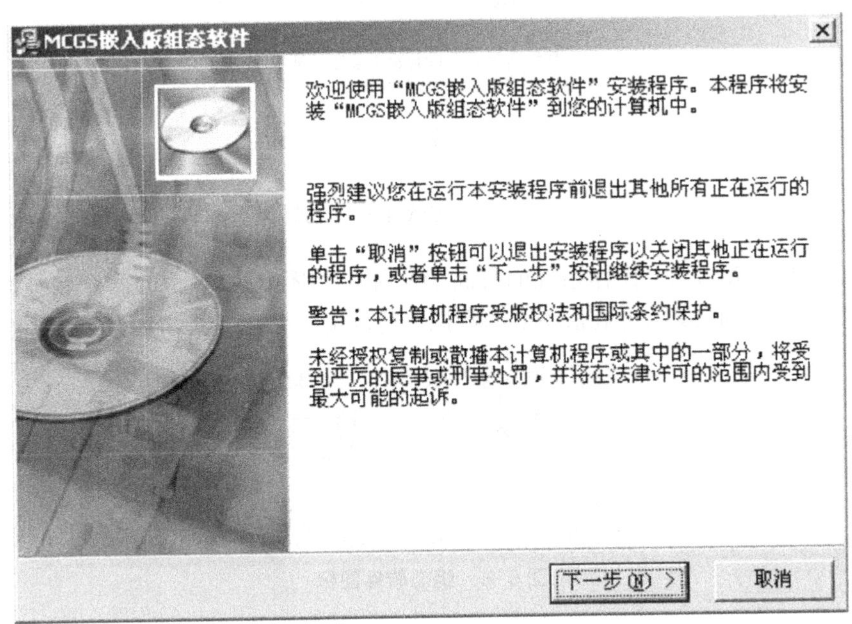

图 5-1　组态软件安装

按提示步骤操作，随后，安装程序将提示指定安装目录，用户不指定时，系统缺省安装到 D:\MCGSE 目录下，建议使用缺省目录，系统安装需要几分钟，如图 5-2 所示。

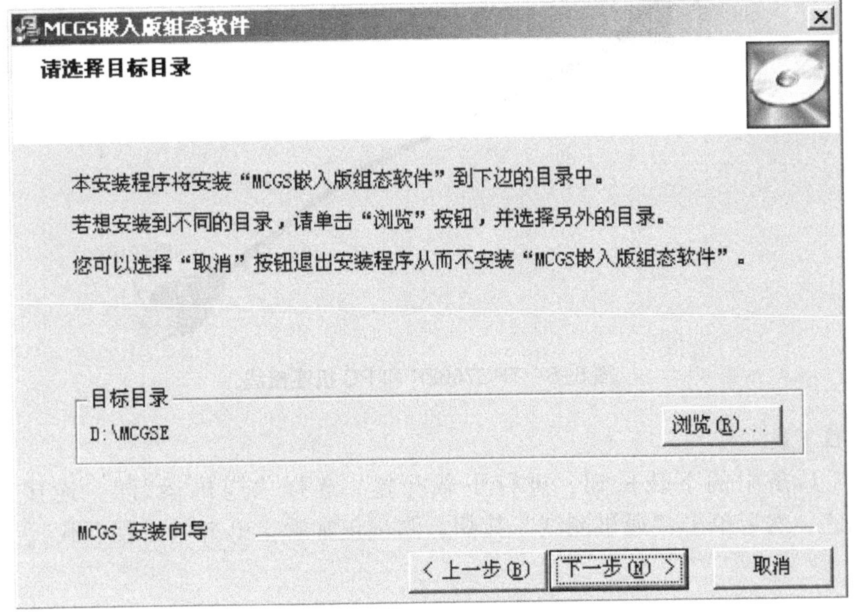

图 5-2　组态软件安装位置选择

安装过程完成后，系统将弹出对话框提示安装完成，提示是否重新启动计算机，选择重新启动后，完成安装，如图 5-3 所示。

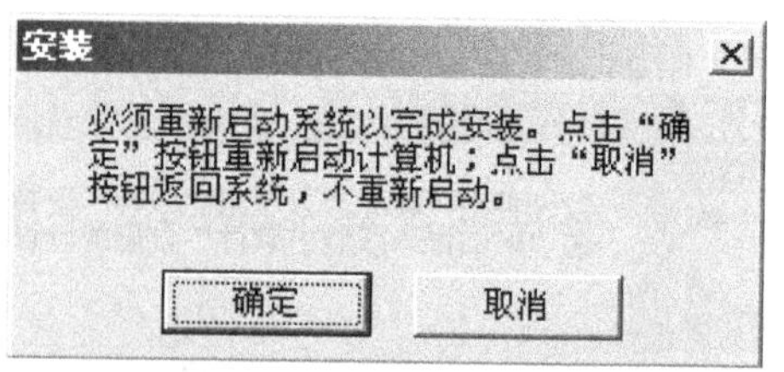

图 5-3　组态软件安装完成

安装完成后，Windows 操作系统的桌面上添加了如图 5-4 所示的两个快捷方式图标，分别用于启动 MCGSE 嵌入式组态环境和模拟运行环境。

图 5-4　组态软件图标

3. 连接 TPC7062K 和 PC 机

将普通的连接线（图 5-5）扁平接口的一端插到电脑的 USB 口，微型接口的一端插到 TPC 端的 USB2 口。

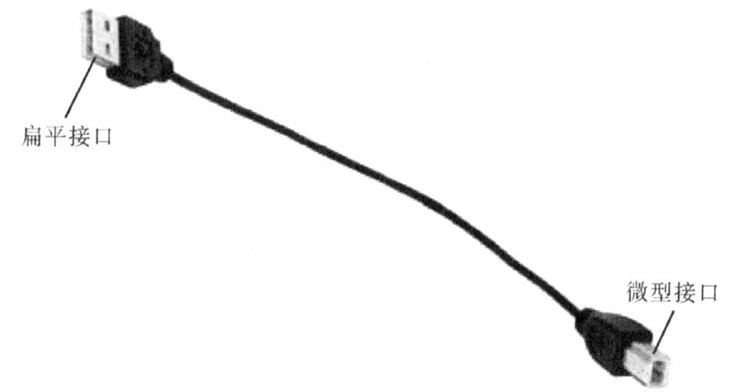

图 5-5　TPC7062K 和 PC 机连接线

4. 工程下载

单击工具条中的下载按钮，进行下载配置。选择“连机运行”，连接方式选择“USB 通讯”，然后单击“通讯测试”按扭，测试正常后，单击“工程下载”，如图 5-6 所示。

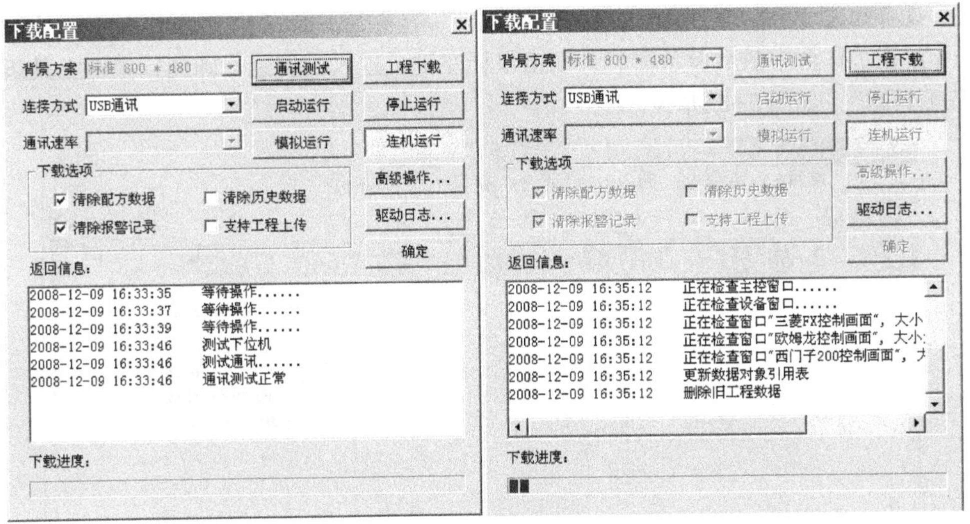

图 5-6　工程下载

二、MCGS 工程建立

1. 工程建立

双击 Windows 操作系统桌面上的组态环境快捷方式，可打开嵌入版组态软件，然后按如下步骤建立通信工程：单击文件菜单中“新建工程”选项，弹出“新建工程设置”对话框，TPC 类型选择为“TPC7062K”，单击“确定”按钮，如图 5-7 所示。

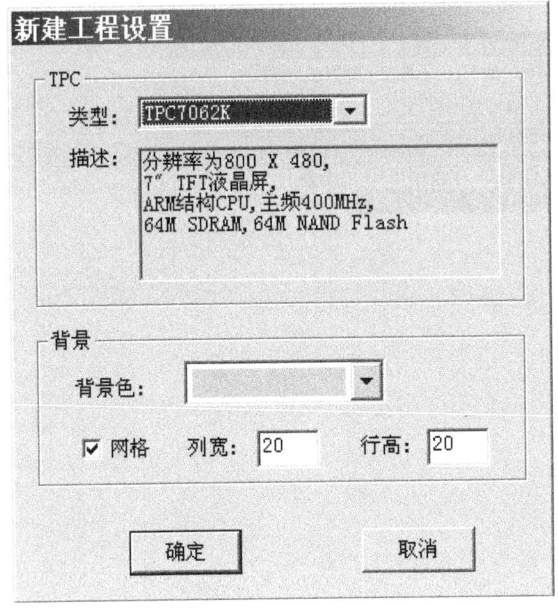

图 5-7　工程建立

选择文件菜单中的“工程另存为”菜单项，弹出文件保存窗口。在文件名一栏内输入“TPC 通信控制工程”，单击“保存”按钮，工程创建完毕。

2. 设备组态

(1) 在工作台中激活设备窗口，双击鼠标左键，进入设备组态画面，单击工具条中的“设备工具箱”，如图 5-8 所示。

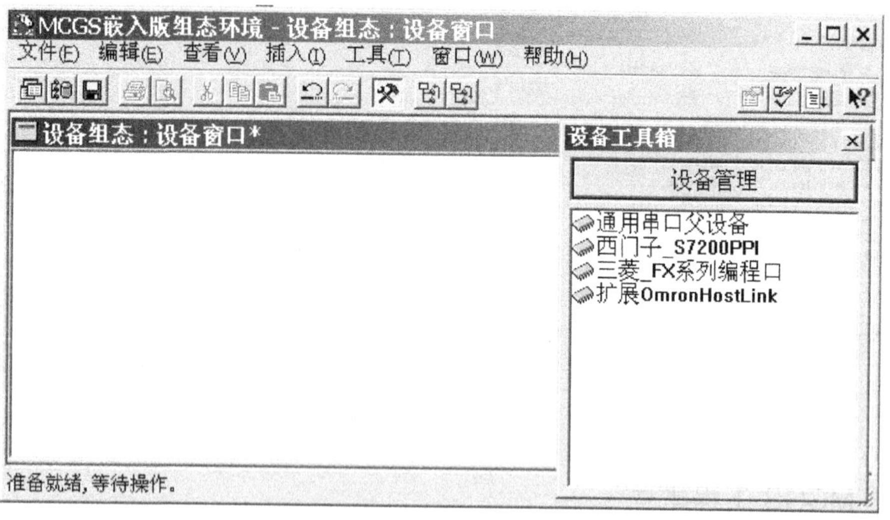

图 5-8 设备组态

(2) 在设备工具箱中，按顺序先后双击“通用串口父设备”和“西门子_S7200PPI”将其添加至组态画面窗口，如图 5-9 所示。提示是否使用西门子默认通信参数设置父设备，选择“是”。

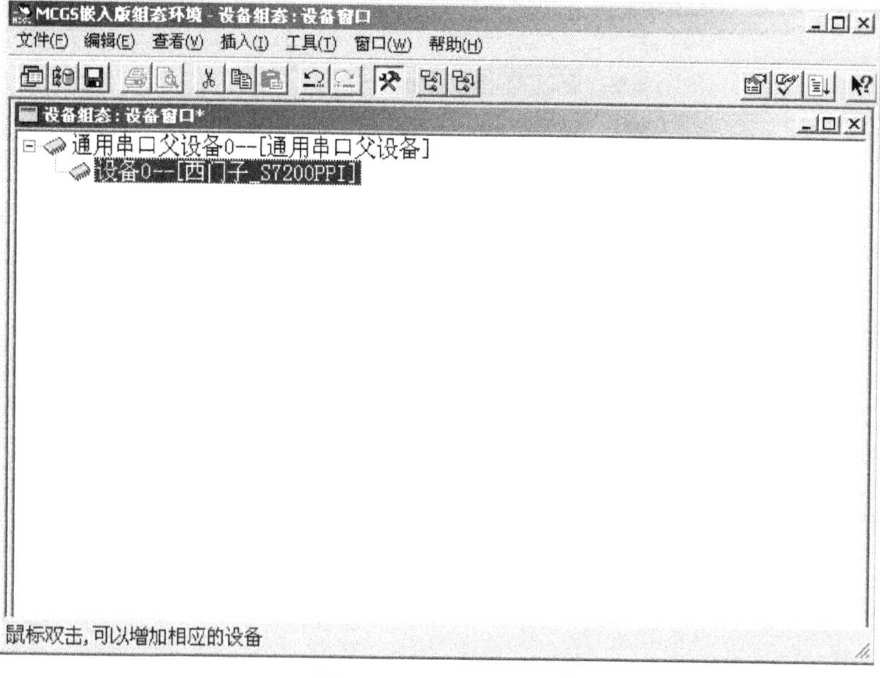

图 5-9 通用串口选择

所有操作完成后关闭设备窗口，返回工作台。

3. 窗口组态

(1) 在工作台中激活用户窗口，单击“新建窗口”按钮，建立新画面“窗口”，如图5-10所示。

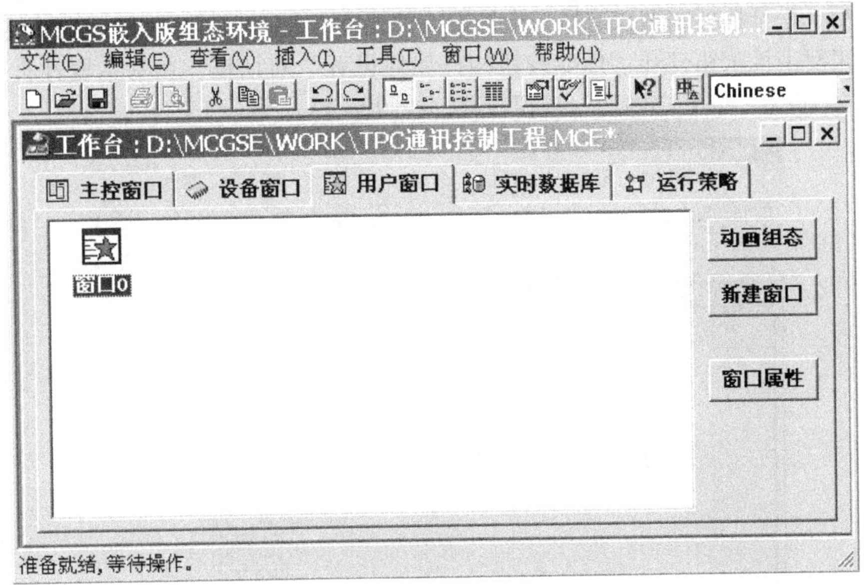

图5-10　窗口组态

(2) 接下来单击“窗口属性”按钮，弹出“用户窗口属性设置”对话框，在基本属性页，将“窗口名称”修改为“自动往返控制画面”，然后单击“确认”按钮进行保存，如图5-11所示。

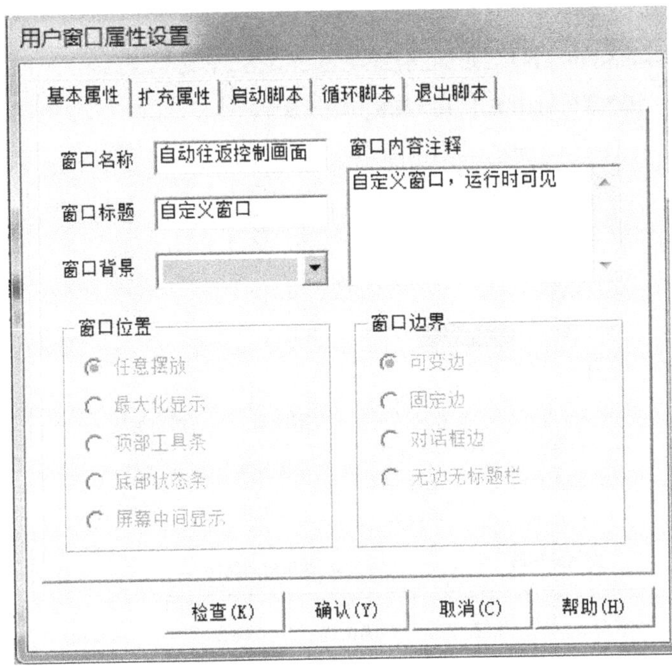

图5-11　用户窗口属性设置

（3）在用户窗口双击进入“动画组态西门子200控制画面”，单击打开“工具箱”。

（4）建立基本元件。

1）按钮。从工具箱中单击“标准按钮”构件，在窗口编辑位置按住鼠标左键拖放出一定大小后，松开鼠标左键，这样一个按钮构件就绘制在窗口中，如图5-12所示。

接下来双击该按钮打开“标准按钮构件属性设置”对话框，在基本属性页中将“文本”修改为Q0.0，单击“确认”按钮保存，如图5-13所示。

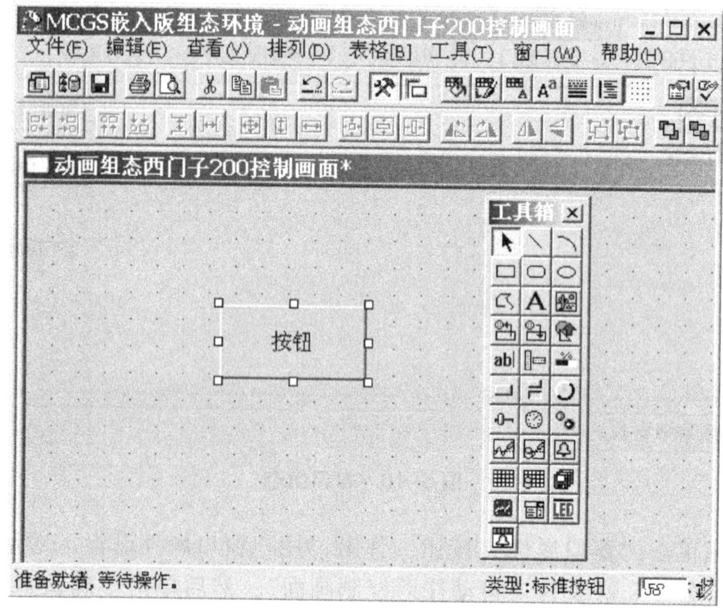

图5-12　基本元件建立

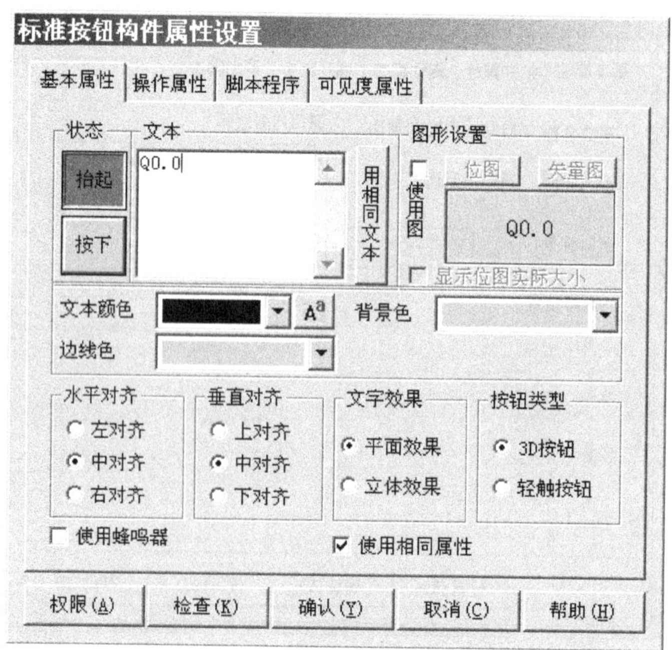

图5-13　基本属性设置

2）其他元件。同理，从工具箱中点出其他图形，如图 5-14 所示。

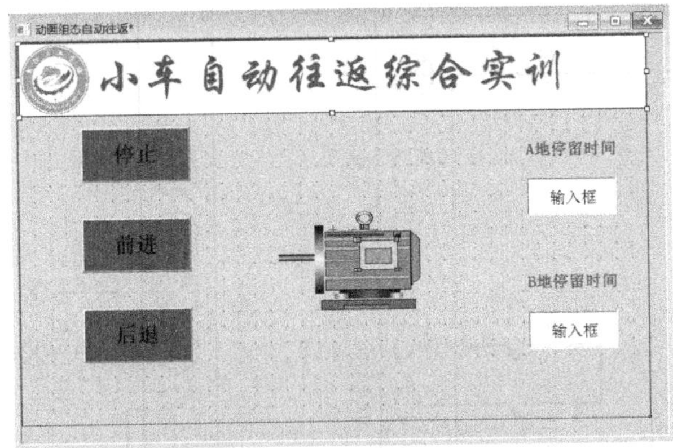

图 5-14　系统组态画面

三、S7-200 SMART PLC 程序编写

1. 系统要求

控制一台小车在 A、B 两地往返运行，如图 5-15 所示。要求实现以下控制形式：

（1）按下前进按钮，小车前进到 B 点碰到限位开关，小车停留若干秒后退，退到 A 点碰到限位开关，小车停留若干秒前进，小车在 A、B 两地间自动往返（按下后退按钮，动作相反）。

（2）当按下停止按钮时，小车立即停止。

（3）通过触摸屏操作，可实现上述控制功能，小车在 A、B 两地的停留时间可通过触摸屏设定。

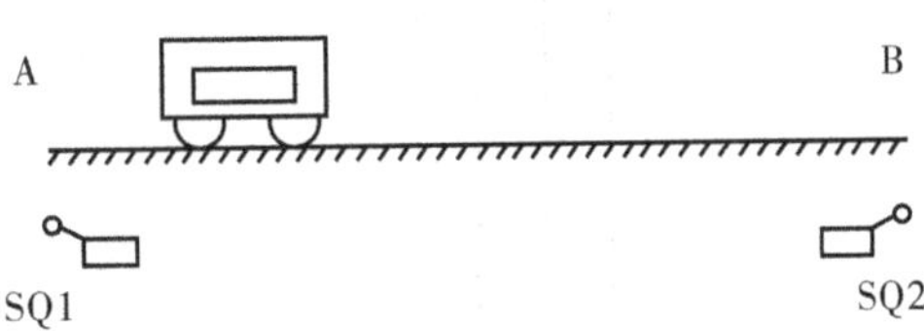

图 5-15　小车自动循环控制示意图

（4）小车从启动到停止要能够做到缓慢启动→中间高速度→缓慢停止（多段速控制）。

（5）按下停止按钮，电动机发生热过载或者是达到循环次数（由触摸屏设定），小车停止运行。

2. I/O 接口分配

I/O 接口分配见表 5-1。

表 5-1　小车自动循环 PLC 控制的 I/O 接口分配

输入元件	输入地址	作用	输出元件	输出地址	作用
SB1	I0. 0	停止按钮	KA1 线圈	Q0. 0	速度 1
SB2	I0. 1	左行按钮	KA2 线圈	Q0. 1	速度 2
SB3	I0. 2	右行按钮	KA3 线圈	Q0. 2	速度 3
FR	I0. 3	热过载	KA4 线圈	Q0. 3	速度 4
SQ2	I0. 4	左限位	HL1	Q0. 4	左限位指示灯
SQ3	I0. 5	右限位	HL2	Q0. 5	左限位指示灯

3. 系统硬件接线图

系统硬件接线图，如图 5-16 所示。

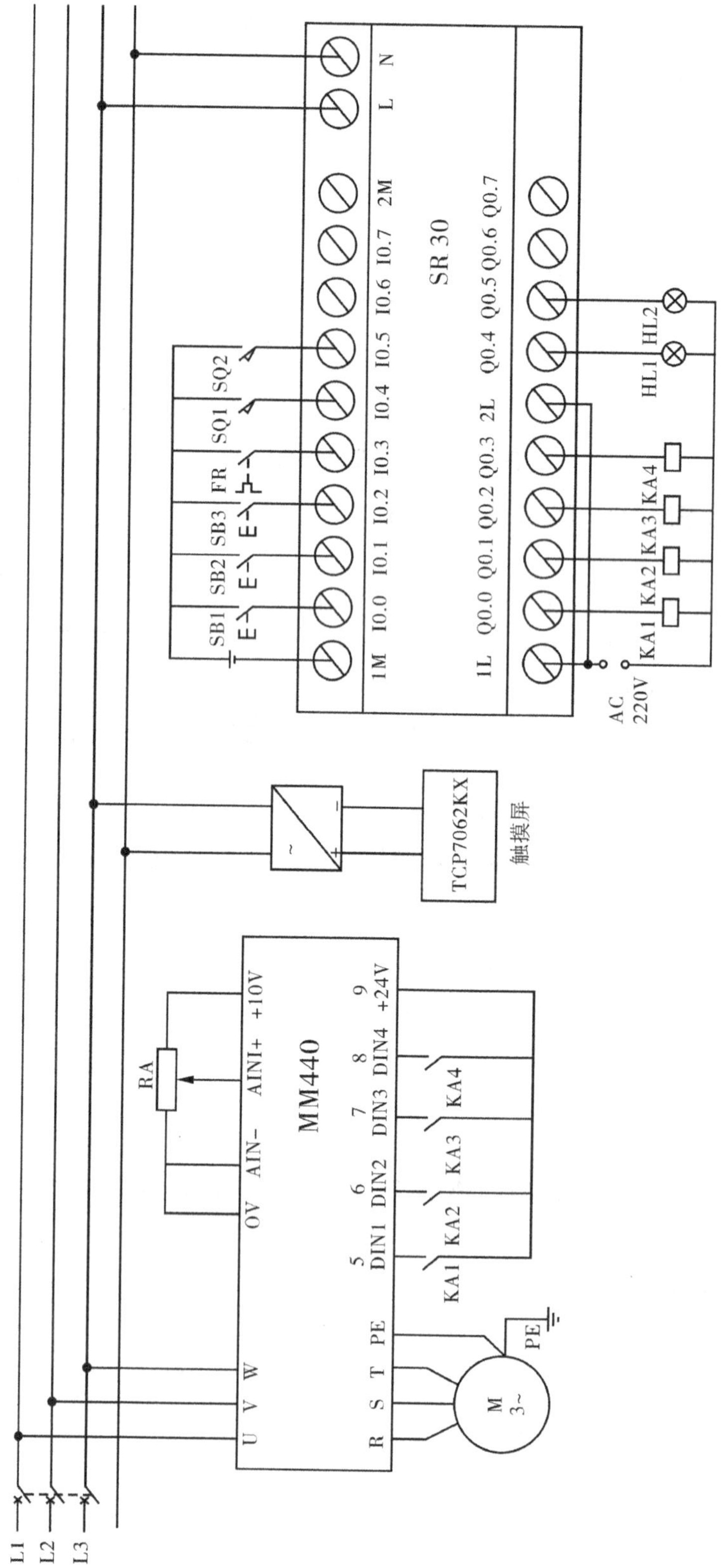

图5-16　小车自动循环控制硬件接线图

4. 变频器参数设置

变频器参数设置见表 5-2。

表 5-2 变频器参数配置

参数值	出厂值	设置值	说明
P003	1	2	设用户访问级为标准级
P0700	2	2	快速调试
P0701	1	16	固定频率设定值（直接选择+ON）
P0702	1	16	固定频率设定值（直接选择+ON）
P0703	1	16	固定频率设定值（直接选择+ON）
P0704	1	16	固定频率设定值（直接选择+ON）
P1000	2	3	选择固定频率设定值
P1001	0	15	设定固定频率 1
P1002	5	25	设定固定频率 2
P1003	10	-15	设定固定频率 3
P1003	15	-25	设定固定频率 4

5. 触摸屏设置

（1）参数变量设置如图 5-17 所示。

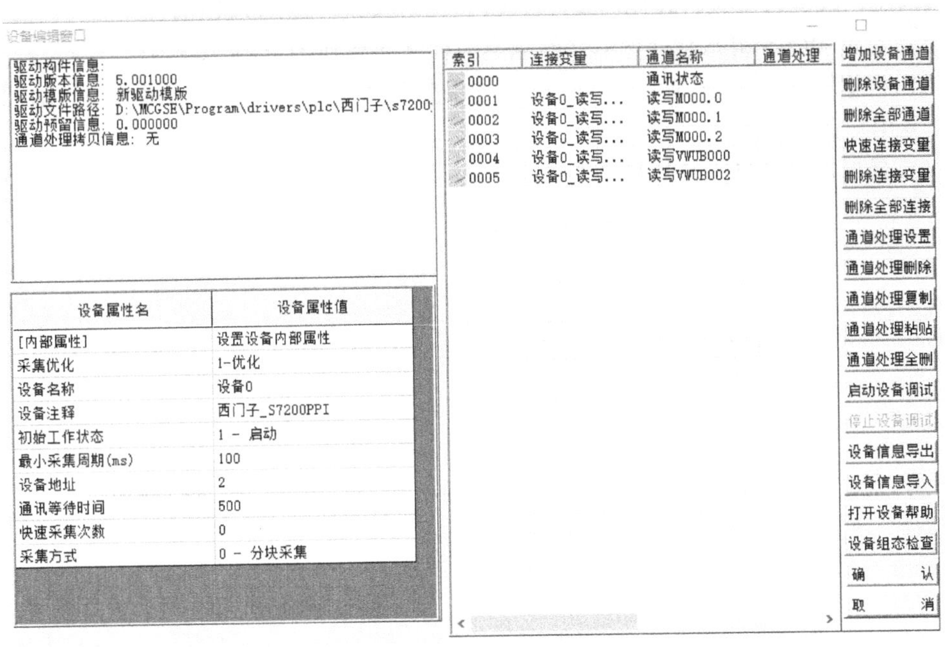

图 5-17 触摸屏参数变量设置

（2）设备触摸屏组态画面如图 5-18 所示。

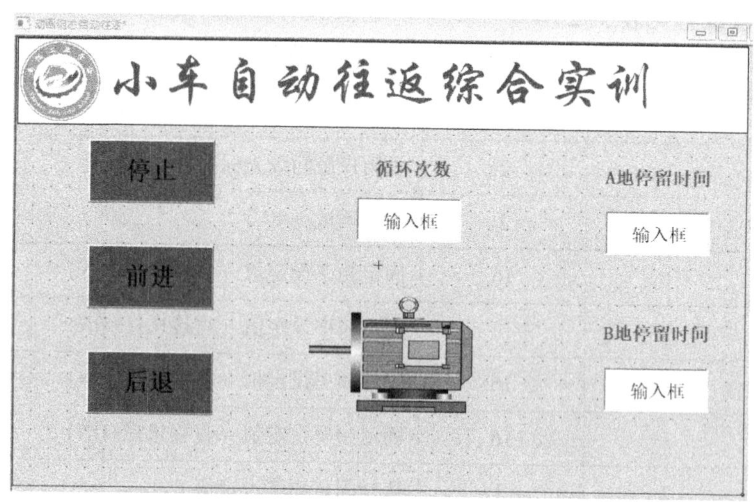

图 5-18　小车自动循环控制系统触摸屏组态画面

6. 系统程序设计

系统程序设计如图 5-19 所示。

四、系统调试运行

按照系统硬件接线图完成本系统接线，经检查确认无短路、断路点后，开始对各部分通电调试。

（1）PLC 可通过专用下载线 USB-PPI 进行程序传输，也可通过设置 PLC 的 IP 地址通过局域网用网线进行下载，在此需要注意 CPU 上电模式一定选为 RUN。

（2）通过 MCGS 组态软件把编好的触摸屏程序下载到 TCP7062KX 中。

（3）根据程序要求设置变频器参数，如果变频器为旧的，一定要设置 P0010 为 30，使其恢复出厂设置。

（4）最后对系统进行整体测试调试。

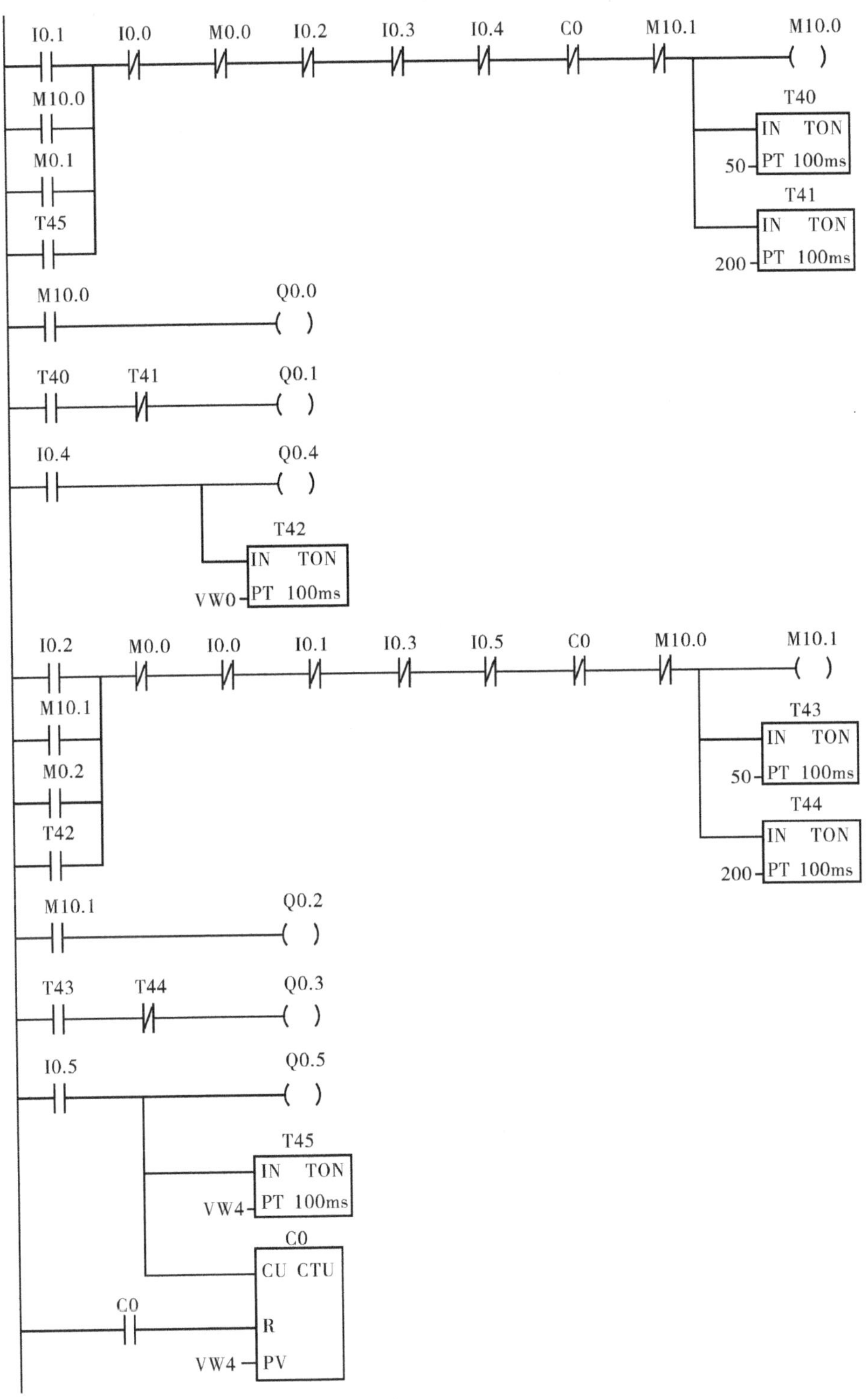

图 5-19　小车自动循环控制系统程序